建设工程施工质量管理研究

张 磊 唐纪文 秦向东 ◎著

吉林科学技术出版社

图书在版编目（CIP）数据

建设工程施工质量管理研究 / 张磊，唐纪文，秦向
东著. -- 长春：吉林科学技术出版社，2022.9
ISBN 978-7-5578-9630-0

Ⅰ. ①建… Ⅱ. ①张… ②唐… ③秦… Ⅲ. ①建筑工
程－工程质量－质量管理 Ⅳ. ①TU712.3

中国版本图书馆 CIP 数据核字 (2022) 第 179556 号

建设工程施工质量管理研究

著	张 磊 唐纪文 秦向东	
出 版 人	宛 霞	
责任编辑	王凌宇	
封面设计	金熙腾达	
制 版	金熙腾达	
幅面尺寸	185mm×260mm	
开 本	16	
字 数	293 千字	
印 张	12.75	
印 数	1—1500 册	
版 次	2022 年 9 月第 1 版	
印 次	2023 年 3 月第 1 次印刷	

出 版　吉林科学技术出版社
发 行　吉林科学技术出版社
地 址　长春市净月区福祉大路 5788 号
邮 编　130118
发行部电话/传真　0431-81629529　81629530　81629531
　　　　　　　　　81629532　81629533　81629534

储运部电话　0431-86059116

编辑部电话　0431-81629518
印 刷　三河市嵩川印刷有限公司

书 号　ISBN 978-7-5578-9630-0
定 价　80.00 元

前言 ■

"质量第一"是我国工程建设的基本方针之一。随着我国建设事业的迅猛发展，工程建设的质量在建筑事业发展中显得至关重要。由于工程建设项目具有投资大、建设周期长、整体性强及固定性等特点，并且与国民经济发展和人民生命财产安全休戚相关，因此，提高工程建设的质量与加强质量控制是工程建设活动中一项极其重要的工作。

"建筑施工安全技术与管理"是高等院校土木工程、工程管理等专业开设的一门专业必修核心课程，也是工程监理单位根据法律法规、工程建设标准、勘察设计文件及合同，进行服务活动的重要内容。

本书主要针对高职高专技能型紧缺人才培养培训目标及专业教学改革的需要，在编写的过程中充分考虑全国监理工程师培训和职业资格考试的要求，在介绍工程质量相关法规、标准规范和建设工程质量控制基本理论的基础上，结合土建工长、质量员、安全员的岗位技能要求，能够使学生熟悉现行安全方面的相关标准，掌握建筑施工安全技术和安全管理的知识，具有编制安全专项施工方案，进行安全技术交底、安全教育、安全检查、生产安全事故管理等能力，从而为毕业后岗位工作做好充分的准备。

在编写过程中，借鉴了国内外专家的研究成果，由于本人水平与能力有限，研究不够深入，思维不够严谨，书中疏忽之处在所难免，敬请各位专家和广大读者不吝赐正。

作者

2022 年 6 月

目录 ■

第一章　建设工程施工质量管理

第一节　施工质量管理概述

一、质量控制概述

《质量管理体系基础和术语》对质量控制的定义是："质量控制是质量管理的一部分，致力于满足质量要求。"

质量控制的目标就是确保产品的质量能满足顾客、法律法规等方面所提出的质量要求（如适用性、可靠性、安全性）。质量控制的范围涉及产品质量形成全过程的各个环节，如设计过程、采购过程、生产过程、安装过程等。

质量控制的工作内容包括作业技术和活动，也就是包括专业技术和管理技术两方面。围绕产品质量形成全过程的各个环节，对影响质量的人、机、料、法、环五大因素进行控制，并对质量活动的成果进行分阶段验证，以便及时发现问题，采取相应措施，防止不合格重复发生，尽可能地减少损失。因此，质量控制应贯彻预防为主与检验把关相结合的原则。必须对干什么、为何干、怎么干、谁来干、何时干、何地干做出规定，并对实际质量活动进行监控。

因为质量要求是随时间的进展而不断变化的，为了满足新的质量要求，就要注意质量控制的动态性，要随工艺、技术、材料、设备的不断改进，研究新的控制方法。

二、质量控制的原则

（一）坚持质量第一

工程质量是建筑产品使用价值的集中体现，用户最关心的就是工程质量的优劣，或者说用户的最大利益在于工程质量。在项目施工中必须树立"百年大计，质量第一"的思想。

（二）坚持以人为控制核心

人是质量的创造者，质量控制必须"以人为核心"，把人作为质量控制的动力，发挥人的积极性、创造性。

（三）坚持预防为主

预防为主的思想，是指事先分析影响产品质量的各种因素，找出主导因素，采取措施加以重点控制，使质量问题消灭在发生之前或萌芽状态，做到防患于未然。

过去通过对成品或竣工工程进行质量检查，才能对工程的合格与否做出鉴定，这属于事后把关，不能预防质量事故的发生。提倡严格把关和积极预防相结合，并坚持预防为主的方针，才能使工程质量在施工过程中处于控制之中。

（四）坚持质量标准

质量标准是评价工程质量的尺度，数据是质量控制的基础。工程质量是否符合质量要求，必须通过严格检查，以数据为依据。

（五）坚持全面控制

1. 全过程的质量控制

全过程指的就是工程质量产生、形成和实现的过程。建筑安装工程质量，是勘察设计质量、原材料与成品半成品质量、施工质量、使用维护质量的综合反映。为了保证和提高工程质量，质量控制不能仅限于施工过程，而必须贯穿于从勘察设计直到使用维护的全过程，要把所有影响工程质量的环节和因素控制起来。

2. 全员的质量控制

工程质量是项目各方面、各部门、各环节工作质量的集中反映，提高工程项目质量依赖上自项目经理下至一般员工的共同努力。所以，质量控制必须把项目所有人员的积极性和创造性充分调动起来，做到人人关心质量控制，人人做好质量控制工作。

三、质量控制的措施

对施工项目而言，质量控制就是为了确保合同、规范所规定的质量标准，所采取的一系列检测、监控措施、手段和方法。施工项目质量控制的主要对策措施如下：

（一）以人的工作质量确保工程质量

工程质量是人（包括参与工程建设的组织者、指挥者和操作者）所创造的。人的政治思想素质、责任感、事业心、质量观、业务能力、技术水平等均直接影响工程质量。据统计资料表明，88% 的质量安全事故都是人的失误所造成。为此，我们对工程质量的控制始终应"以人为本"，狠抓人的工作质量，避免人的失误；充分调动人的积极性，发挥人的主导作用，增强人的质量观和责任感，使每个人都牢牢树立"百年大计，质量第一"的思想，认真负责地搞好本职工作，以优秀的工作质量来创造优质的工程质量。

（二）严格控制投入品的质量

任何一项工程施工，均须投入大量的原材料、成品、半成品、构配件和机械设备，要采用不同的施工工艺和施工方法，这是构成工程质量的基础。投入品质量不符合要求，工程质量也就不可能符合标准，所以，严格控制投入品的质量，是确保工程质量的前提。

（三）全面控制施工过程，重点控制工序质量

任何一个工程项目都是由若干分项、分部工程所组成，要确保整个工程项目的质量，达到整体优化的目的，就必须全面控制施工过程，使每一个分项、分部工程都符合质量标准。而每一个分项、分部工程，又是通过一道道工序来完成的，为此，要确保工程质量就必须重点控制工序质量。对每一道工序质量都必须进行严格检查，当上一道工序质量不符合要求时，决不允许进入下一道工序施工。

（四）严把分项工程质量检验评定关

分项工程质量等级是分部工程、单位工程质量等级评定的基础；分项工程质量等级不符合标准，分部工程、单位工程的质量也不可能评为合格；而分项工程质量等级评定正确与否，又直接影响分部工程和单位工程质量等级评定的真实性和可靠性。为此，在进行分项工程质量检验评定时，一定要坚持质量标准，严格检查，一切用数据说话，避免出现第一、第二判断错误。

（五）贯彻"以预防为主"的方针

"以预防为主"，防患于未然，把质量问题消灭于萌芽之中，这是现代化管理的观念。预防为主就是要加强对影响质量因素的控制，对投入品质量的控制；就是要从对质量的事后检查把关，转向对质量的事前控制、事中控制；从对产品质量的检查，转向对工作质量的检查、对工序质量的检查、对中间产品的质量检查。这些是确保施工项目质量的有效措施。

（六）严防系统性因素的质量变异

系统性因素，如使用不合格的材料、违反操作规程、混凝土达不到设计强度等级、机械设备发生故障等，必然会造成不合格产品或工程质量事故。系统性因素的特点是易于识别、易于消除，是可以避免的，只要我们增强质量观念，提高工作质量，精心施工，完全可以预防系统性因素引起的质量变异。

四、施工项目质量因素的控制

影响施工项目质量的因素主要有五方面：人、材料、机械、方法和环境。事前对这五方面的因素严加控制，是保证施工项目质量的关键。

（一）人的控制

人，是指直接参与施工的组织者、指挥者和操作者。人，作为控制的对象，是要避免产生失误；作为控制的动力，是要充分调动人的积极性，发挥人的主导作用。此外，应严禁无技术资质的人员上岗操作。对不懂装懂、图省事、碰运气、有意违章的行为，必须及时制止。总之，在使用人的问题上，应从政治素质、思想素质、业务素质和身体素质等方面综合考虑，全面控制。

（二）材料控制

材料控制包括原材料、成品、半成品、构配件等的控制，主要是严格检查验收，正确合理地使用，建立管理台账，进行收、发、储、运等各环节的技术管理，避免混合和将不合格的原材料使用到工程上。

（三）机械控制

机械控制包括施工机械设备、工具等的控制。要根据不同工艺特点和技术要求，选用合适的机械设备，正确使用、管理和保养好机械设备。为此要健全人机固定制度、操作证制度、岗位责任制度、交接班制度、技术保养制度、安全使用制度、机械设备检查制度等，确保机械设备处于最佳使用状态。

（四）方法控制

方法控制包括施工方案、施工工艺、施工组织设计、施工技术措施等的控制，主要应切合工程实际、能解决施工难题、技术可行、经济合理，有利于保证质量、加快进度、降低成本。

（五）环境控制

影响工程质量的环境因素较多，有工程技术环境，如工程地质、水文、气象等；工程管理环境，如质量保证体系、质量管理制度等；劳动环境，如劳动组合、作业场所、工作面等。

五、质量控制的方法

施工项目质量控制的方法，主要是审核有关技术文件、报告和直接进行现场检查或必要的试验等。

1. 技术文件、报告、报表的审核

审核是项目经理对工程质量进行全面控制的重要手段，其具体内容有：

（1）审核有关技术资质证明文件；

（2）审核开工报告，并经现场核实；

（3）审核施工方案、施工组织设计和技术措施；

（4）审核有关材料、半成品的质量检验报告；

（5）审核反映工序质量动态的统计资料或控制图表；

（6）审核设计变更、修改图纸和技术核定书；

（7）审核有关质量问题的处理报告；

（8）审核有关应用新工艺、新材料、新技术、新结构的技术鉴定书；

（9）审核有关工序交接检查，分项、分部工程质量检查报告；

（10）审核并签署现场有关技术签证、文件等。

2. 直接进行现场质量检查

（1）现场质量检查的内容

①开工前检查。目的是检查是否具备开工条件，开工后能否连续正常施工，能否保证工程质量。

②工序交接检查。对于重要的工序或对工程质量有重大影响的工序，在自检、互检的基础上，还要组织专职人员进行工序交接检查。

③隐蔽工程检查。凡是隐蔽工程均应检查认证后方能掩盖。

④停工后、复工前的检查。出于处理质量问题或某种原因停工后须复工时，亦应经检查认可后方可复工。

⑤分项、分部工程完工后，应经检查认可、签署验收记录后才允许进行下一工程项目施工。

⑥成品保护检查。检查成品有无保护措施，或保护措施是否可靠。

此外，还应经常深入现场，对施工操作质量进行巡视检查；必要时，还应进行跟班或追踪检查。

（2）现场质量检查的方法

现场进行质量检查的方法有目测法、实测法和试验法三种。

①目测法

其手段可归纳为看、摸、敲、照四个字。

看，就是根据质量标准进行外观目测。如墙纸裱糊质量应是：纸面无斑痕、气泡、折皱；每一墙面纸的颜色、花纹一致，纹理无压平、起光现象；对缝处图案、花纹完整；裁纸的一边不能对缝，只能搭接；墙纸只能在阴角处搭接，阳角应采用包角等。又如，清水墙面是否洁净、喷涂是否密实和颜色是否均匀、内墙抹灰大面及口角是否平直、地面是否光洁平整、油漆浆活表面观感、施工顺序是否合理、工人操作是否正确等，均是通过目测检查、评价。

摸，就是手感检查，主要用于装饰工程的某些检查项目，如水刷石、干粘石黏结牢固程度，油漆的光滑度，浆活是否掉粉，地面有无起砂等，均可通过手摸加以鉴别。

敲，是运用工具进行音感检查。对地面工程、装饰工程中的水磨石、面砖、锦砖和大理石贴面等，均应进行敲击检查，通过声音的虚实确定有无空鼓，还可根据声音的清脆和沉闷，判定属于面层或底层空鼓。此外，用手敲玻璃，如发出颤动声响，一般是底灰不满或压条不实。

照，对于难以看到或光线较暗的部位，则可采用镜子反射或灯光照射的方法进行检查。

②实测法

是通过实测数据与施工规范及质量标准所规定的允许偏差对照，来判别质量是否合格。实测检查法的手段，也可归纳为靠、吊、量、套四个字。

靠，是用直尺、塞尺检查墙面、地面、屋面的平整度。

吊，是用托线板以线锤吊线检查垂直度。

量，是用测量工具和计量仪表等检查断面尺寸、轴线、标高、湿度、温度等的偏差。

套，是以方尺套方，辅以塞尺检查。如对阴阳角的方正、踢脚线的垂直度、预制构件的方正等项目的检查。对门窗口及构配件的对角线（窜角）检查，也是套方的特殊手段。

③试验法

指必须通过试验手段，才能对质量进行判断的检查方法。如对桩或地基的静载试验，确定其承载力；对钢结构进行稳定性试验，对钢筋对焊接头进行拉力试验，检验焊接的质量等。

第二节　施工准备阶段的质量管理

一、技术文件和资料准备的质量控制

（一）施工项目所在地的自然条件及技术经济条件调查资料

对施工项目所在地的自然条件和技术经济条件的调查，是为选择施工技术与组织方案收集基础资料，并以此作为施工准备工作的依据。具体收集的资料包括地形与环境条件、地质条件、地震级别、工程水文地质情况、气象条件，以及当地水、电、能源供应条件，交通运输条件，材料供应条件等。

（二）施工组织设计

施工组织设计是指导施工准备和组织施工的全面性技术经济文件。对施工组织设计要进行两方面的控制：一是选定施工方案后，制定施工进度时，必须考虑施工顺序、施工流向，主要分部分项工程的施工方法，特殊项目的施工方法和技术措施能否保证工程质量；二是制订施工方案时，必须进行技术经济比较，使工程项目满足符合性、有效性和可靠性要求，取得施工工期短、成本低、安全生产、效益好的经济质量。

（三）国家及政府有关部门颁布的有关质量管理方面的法律、法规性文件及质量验收标准

质量管理方面的法律、法规，规定了工程建设参与各方的质量责任和义务，质量管理体系建立的要求、标准，质量问题处理的要求、质量验收标准等，这些均是进行质量控制的重要依据。

（四）工程测量控制资料

施工现场的原始基准点、基准线、参考标高及施工控制网等数据资料，是施工之前进行质量控制的一项基础工作，这些数据资料是进行工程测量控制的重要内容。

二、设计交底和图纸审核的质量控制

设计图纸是进行质量控制的重要依据。为使施工单位熟悉有关的设计图纸，充分了解拟建项目的特点、设计意图和工艺与质量要求，减少图纸的差错，消灭图纸中的质量隐患，要做好设计交底和图纸审核工作。

（一）设计交底

工程施工前，由设计单位向施工单位有关人员进行设计交底，其主要内容包括：

1.地形、地貌、水文气象、工程地质及水文地质等自然条件；

2.施工图设计依据：初步设计文件，规划、环境等要求，设计规范；

3.设计意图：设计思想、设计方案比较、基础处理方案、结构设计意图、设备安装和调试要求、施工进度安排等；

4.施工注意事项：对基础处理的要求，对建筑材料的要求，采用新结构、新工艺的要求，施工组织和技术保证措施等。

交底后，由施工单位提出图纸中的问题和疑点，以及要解决的技术难题。经协商研究，确定出解决办法。

（二）图纸审核

图纸审核是设计单位和施工单位进行质量控制的重要手段，也是使施工单位通过审查熟悉设计图纸，了解设计意图和关键部位的工程质量要求，发现和减少设计差错，保证工程质量的重要方法。图纸审核的主要内容包括：

1. 对设计者的资质进行认定；

2. 设计是否满足抗震、防火、环境卫生等要求；

3. 图纸与说明是否齐全；

4. 图纸中有无遗漏、差错或相互矛盾之处，图纸标示方法是否清楚并符合标准要求；

5. 地质及水文地质等资料是否充分、可靠；

6. 所需材料来源有无保证，能否替代；

7. 施工工艺、方法是否合理，是否切合实际，是否便于施工，能否保证质量要求；

8. 施工图及说明书中涉及的各种标准、图册、规范、规程等，施工单位是否具备。

三、物资和分包方的采购质量控制

采购质量控制主要包括对采购产品及其供方的控制，制定采购要求和验证采购产品。建设项目中的工程分包，也应符合规定的采购要求。

（一）物资采购

采购物资应符合设计文件、标准、规范、相关法规及承包合同要求，如果项目部另有附加的质量要求，也应予以满足。

对于重要物资、大批量物资、新型材料以及对工程最终质量有重要影响的物资，可由企业主管部门对可供选用的供方进行逐个评价，并确定合格供方名单。

（二）分包服务

对各种分包服务选用的控制应根据其规模、对它控制的复杂程度区别对待。一般通过分包合同，对分包服务进行动态控制。评价及选择分包方应考虑的原则：

1. 有合法的资质，外地单位须经本地主管部门核准；

2. 与本组织或其他组织合作的业绩、信誉；

3. 分包方质量管理体系对按要求如期提供稳定质量的产品的保证能力。

（三）采购要求

采购要求是采购产品控制的重要内容。采购要求的形式可以是合同、订单、技术协议、询价单及采购计划等。采购要求包括：

1. 有关产品的质量要求或外包服务要求；

2. 有关产品提供的程序性要求，如供方提交产品的程序、供方生产或服务提供的过程要求、供方设备方面的要求；

3. 对供方人员资格的要求；

4. 对供方质量管理体系的要求。

（四）采购产品验证

1. 对采购产品的验证有多种方式，如在供方现场检验、进货检验，查验供方提供的合格证等。组织应根据不同产品或服务的验证要求规定验证的主管部门及验证方式，并严格执行。

2. 当组织或其顾客拟在供方现场实施验证时，组织应在采购要求中事先做出规定。

四、质量教育和培训

通过教育与培训等措施提高员工的能力，增强质量和顾客意识，使员工满足所从事的质量工作对能力的要求。

项目领导班子应着重以下几方面的培训：

1. 质量意识教育；

2. 充分理解和掌握质量方针和目标；

3. 质量管理体系有关方面的内容；

4. 质量保持和持续改进意识。

可以通过面试、笔试、实际操作等方式检查培训的有效性。还应保留员工的教育、培训及技能认可的记录。

第三节　施工过程的质量管理

一、技术交底

按照工程重要程度，单位工程开工前，应由企业或项目技术负责人组织全面的技术交底。工程复杂、工期长的工程可按基础、结构、装修几个阶段分别组织技术交底。各分项工程施工前，应由项目技术负责人向参加该项目施工的所有班组和配合工种进行交底。

交底内容包括图纸交底、施工组织设计交底、分项工程技术交底和安全交底等。通过交底明确对轴线、尺寸、标高、预留孔洞、预埋件、材料规格及配合比等要求，明确工序搭接、工种配合、施工方法、进度等施工安排，明确质量、安全、节约措施。交底的形式除书面、口头外，必要时可采用样板、示范操作等。

二、测量控制

（一）复核工作

对于给定的原始基准点、基准线和参考标高等的测量控制点应做好复核工作，经审核批准后才能据此进行准确的测量放线。

（二）施工测量控制网的复测

准确地测定与保护好场地平面控制网和主轴线的桩位，是整个场地内建筑物、构筑物定位的依据，是保证整个施工测量精度和顺利进行施工的基础。因此，在复测施工测量控制网时，应抽检建筑方格网、控制高程的水准网点以及标桩埋设位置等。

（三）民用建筑的测量复核

1. 建筑定位测量复核：建筑定位就是把房屋外廓的轴线交点标定在地面，然后根据这些交点测量房屋的细部。

（2）基础施工测量复核：基础施工测量的复核包括基础开挖前，对所放灰线的复核，以及基槽挖到一定深度后，对槽壁上所设的水平桩的复核。

（3）皮数杆检测：当基础与墙体用砖砌筑时，为控制基础及墙体标高，要设置皮数杆。因此，对皮数杆的设置要检测。

（4）楼层轴线检测：在多层建筑墙身砌筑过程中，为保证建筑物轴线位置正确，在每层楼板中心线均测设长线 1 ~ 2 条，短线 2 ~ 3 条。轴线经校核合格后，方可开始该层的施工。

（5）楼层间高层传递检测：多层建筑施工中，要由下层楼板向上层传递标高，以便使楼板、门窗、室内装修等工程的标高符合设计要求。标高经校核合格后，方可施工。

（四）工业建筑的测量复核

1. 工业厂房控制网测量：由于工业厂房规模较大，设备复杂，因此要求厂房内部各柱列轴线及设备基础轴线之间的相互位置应具有较高的精度，有些厂房在现场还要进行预制构件安装，为保证各构件之间的相互位置符合设计要求，必须对厂房主轴线、矩形控制网、柱列轴线进行复核。

2. 柱基施工测量：柱基施工测量包括基础定位、基坑放线与抄平、基础模板定位等。

3. 柱子安装测量：为保证柱子的平面位置和高程安装符合要求，应对杯口中心投点和杯底标高进行检查，还应进行柱长检查与杯底调整。柱子插入杯口后，要进行竖直校正。

4. 吊车梁安装测量：吊车梁安装测量，主要是保证吊车梁中心位置和梁面标高满足设计要求。因此，在吊车梁安装前应检查吊车梁中心线位置、梁面标高及牛腿面标高是否正确。

5. 设备基础与预埋螺栓检测：设备基础施工程序有两种：一种是在厂房、柱基和厂房部分建成后才进行设备基础施工，另一种是厂房柱基与设备基础同时施工。上述各项工作，在施工前必须进行检测。

（五）高层建筑测量复核

高层建筑的场地控制测量、基础以上的平面与高程控制与一般民用建筑测量相同，应特别重视建筑物垂直度及施工过程中沉降变形的检测。对高层建筑垂直度的偏差必须严格控制，不得超过规定的要求。

三、材料控制

1. 对供货方质量保证能力评定

（1）材料供应的表现状况，如材料质量、交货期等；

（2）供货方质量管理体系对于按要求如期提供产品的保证能力；

（3）供货方的顾客满意程度；

（4）供货方交付材料之后的服务和支持能力；

（5）其他如价格、履约能力等。

2. 建立材料管理制度

对材料的采购、加工、运输、储存建立管理制度，可加快材料的周转，减少材料占用量，避免材料损失、变质，按质、按量、按期满足工程项目的需要。

3. 对原材料、半成品、构配件进行标识

（1）进入施工现场的原材料、半成品、构配件要按型号、品种分区堆放，予以标识；

（2）对有防湿、防潮要求的材料，要有防雨防潮措施，并有标识；

（3）对容易损坏的材料、设备，要做好防护；

（4）对有保质期要求的材料，要定期检查，以防过期，并做好标识。

标识应具有可追溯性，即应标明其规格、产地、日期、批号、加工过程、安装交付后的分布和场所。

4. 加强材料检查验收

（1）用于工程的主要材料

进场时应有出厂合格证和材质化验单；凡标识不清或认为质量有问题的材料，需要进行追踪检验，以确保质量；凡未经检验和已经验证为不合格的原材料、半成品、构配件和工程设备不能投入使用。

（2）发包人提供的原材料、半成品、构配件和设备

发包人所提供的原材料、半成品、构配件和设备用于工程时，项目组织应对其做出专门的标识，接收时进行验证，储存或使用时给予保护和维护，并得到正确的使用。上述材料经验证不合格，不得用于工程。发包人有责任提供合格的原材料、半成品、构配件和设备。

（3）材料质量抽样和检验方法

材料质量抽样应按规定的部位、数量及采选的操作要求进行。材料质量的检验项目分为一般试验项目和其他试验项目，一般试验项目即通常进行的试验项目，其他试验项目是根据需要而进行的试验项目。

四、机械设备控制

（一）机械设备使用形式决策

施工项目上所使用的机械设备应根据项目特点及工程量，按必要性、可能性和经济性的原则确定其使用形式。机械设备的使用形式包括自行采购、租赁、承包和调配等。

1. 自行采购

根据项目及施工工艺特点和技术发展趋势，确有必要时才自行购置机械设备。应使所购置机械设备在项目上达到较高的机械利用率和经济效果，否则采用其他使用形式。

2. 租赁

某些大型、专用的特殊机械设备，如果项目自行采购在经济上不合理时，可从机械设备供应站（租赁站），以租赁方式承租使用。

3. 承包

某些操作复杂、工程量较大或要求人与机械密切配合的机械，如大型网架安装、高层钢结构吊装，可由专业机械化施工公司承包。

4. 调配

一些常用机械，可由项目所在企业调配使用。

究竟采用何种使用形式，应通过技术经济分析来确定。

（二）注意机械配套

机械配套有两层含义：其一，是一个工种的全部过程和环节配套，如混凝土工程，搅拌要做到上料、称量、搅拌与出料的所有过程配套，运输要做到水平运输、垂直运输与布料的各过程以及浇灌、振捣各环节都机械化并且配套；其二，是主导机械与辅助机械在规格、数量和生产能力上配套，如挖土机的斗容量要与运土汽车的载重量和数量相配套。

现场的施工机械如能合理配备、配套使用，就能充分发挥机械的效能，获得较好的经济效益。

（三）机械设备的合理使用

合理使用机械设备，正确地进行操作，是保证项目施工质量的重要环节。应贯彻人机固定原则，实行定机、定人、定岗位责任的"三定"制度。要合理划分施工段，组织好机械设备的流水施工。当一个项目有多个单位工程时，应使机械在单位工程之间流水，减少进出场时间和装卸费用。搞好机械设备的综合利用，尽量做到一机多用，充分发挥其效率。

（四）机械设备的保养与维修

为了保持机械设备的良好技术状态，提高设备运转的可靠性和安全性，减少零件的磨损、延长使用寿命、降低消耗、提高机械施工的经济效益，应做好机械设备的保养。

五、环境控制

（一）建立环境管理体系，实施环境监控

随着经济的高速增长，环境问题已迫切地摆在我们面前，它严重地威胁着人类社会的健康生存和可持续发展，并日益受到全社会的普遍关注。在项目的施工过程中，项目组织也要重视自己的环境表现和环境形象，并以一套系统化的方法规范其环境管理活动，满足法律的要求和自身的环境方针，以求得生存和发展。

实施环境监控时，应确定环境因素，并对环境做出评价：

1. 项目的活动、产品和服务中包含哪些环境因素？

2. 项目的活动、产品和服务是否产生重大的、有害的环境影响？

3. 项目组织是否具备评价新项目环境影响的程序？

4. 项目所处的地点有无特殊的环境要求？

5. 对项目的活动、产品和服务的任何更改或补充，将如何作用于环境因素或与之相关的环境影响？

6. 如果一个过程失效，将产生多大的环境影响？

7. 可能造成环境影响的事件出现的频率？

8. 从影响严重性和频率方面考虑，有哪些是重要环境因素？

9. 这些重大环境影响是当地的、区域性的还是全球性的？

在环境管理体系运行中，应根据项目的环境目标和指标，建立对实际环境表现进行测量和监测的系统，其中包括对遵循环境法律和法规的情况进行评价；还应对测量的结果做出分析，以确定哪些部分是成功的，哪些部分是需要采取纠正措施和予以改进的活动。管理者应确保这些纠正和预防措施的贯彻，并采取系统的后续措施来确保它们的有效性。

（二）对影响工程项目质量的环境因素的控制

1. 工程技术环境

工程技术环境包括工程地质、水文地质、气象等。需要对工程技术环境进行调查研究。工程地质方面要摸清建设地区的钻孔布置图、工程地质剖面图及土壤试验报告；水文地质方面要摸清建设地区全年不同季节的地下水位变化、流向及水的化学成分，以及附近河流和洪水情况等；气象方面要了解建设地区的气温、风速、风向、降雨量、冬雨季月份等。

2. 工程管理环境

工程管理环境包括质量管理体系、环境管理体系、安全管理体系、财务管理体系等。上述各管理体系的建立与正常运行，能够保证项目各项活动的正常、有序进行，也是搞好工程质量的必要条件。

3. 劳动环境

劳动环境包括劳动组织、劳动工具、劳动保护与安全施工等。劳动组织的基础是分工和协作，分工得当既有利于提高工人的熟练程度，又便于劳动力的组织与运用；协作最基本的问题是配套，即各工种和不同等级工人之间互相匹配，从而避免停工窝工，获得最高的劳动生产率。

六、计量控制

施工中的计量工作，包括施工生产时的投料计量、施工生产过程中的监测计量和对项目、产品或过程的测试、检验、分析计量等。

计量工作的主要任务是统一计量单位制度，组织量值传递，保证量值的统一。亦是施工项目开展质量管理的一项重要基础工作。

为做好计量控制工作，应抓好以下三项工作：

1. 建立计量管理部门和配备计量人员；

2. 建立健全和完善计量管理的规章制度；

3. 积极开展计量意识教育。

七、工序控制

工序亦称"作业"。工序是产品制造过程的基本环节，也是组织生产过程的基本单位。一道工序，是指一个工人在一个工作地对一个劳动对象所完成的一切连续活动的总和。

工序质量是指工序过程的质量。对于现场工人来说，工作质量通常表现为工序质量。一般来说，工序质量是指工序的成果符合设计、工艺（技术标准）要求的程序。人、机器、原材料、方法、环境五种因素对工程质量有不同程度的直接影响。

工序质量控制是为把工序质量的波动限制在要求的界限内所进行的质量控制活动。工序质量控制的最终目的是要保证稳定地生产合格产品。具体地说，工序质量控制是使工序质量的波动处于允许的范围之内，一旦超出允许范围，立即对影响工序质量波动的因素进行分析，针对问题，采取必要的组织、技术措施，对工序进行有效的控制，使之保证在允许范围内。工序质量控制的实质是对工序因素的控制，特别是对主导因素的控制。所以，工序质量控制的核心是管理因素，而不是管理结果。

八、特殊过程控制

特殊过程是指该施工过程或工序施工质量不易或不能通过其后的检验和试验而得到充分的验证，或者万一发生质量事故则难以挽救的施工对象。

特殊过程是施工质量控制的重点，设置质量控制点就是要根据工程项目的特点，抓住影响工序施工质量的主要因素。

1. 质量控制点设置原则

（1）对工程质量形成过程的各个工序进行全面分析，凡对工程的适用性、安全性、可靠性、经济性有直接影响的关键部位都要设立控制点，如高层建筑垂直度、预应力张拉、楼面标高控制等。

（2）对下道工序有较大影响的上道工序要设立控制点，如砖墙黏结率、墙体混凝土浇捣等。

（3）对质量不稳定，经常容易出现不良品的工序要设立控制点，如阳台地坪、门窗装饰等。

（4）对用户反馈和过去有过返工的不良工序要设立控制点，如屋面、油毡铺设等。

2. 质量控制点的种类

（1）以质量特性值为对象来设置；

（2）以工序为对象来设置；

（3）以设备为对象来设置；

（4）以管理工作为对象来设置。

3. 质量控制点的管理

在操作人员上岗前，施工员、技术员做好交底及记录，在明确工艺要求、质量要求、操作要求的基础上方可上岗。施工中发现问题，及时向技术人员反映，由有关技术人员指导后，操作人员方可继续施工。

为了保证质量控制点的目标实现，要建立三级检查制度，即：操作人员每日自检一次，组员之间或班长、质量干事与组员之间进行互检；质量员进行专检；上级部门进行抽查。

在施工中，如果发现质量控制点有异常情况，应立即停止施工，召开分析会，找出产生异常的主要原因，并用对策表写出对策。如果是因为技术要求不当而出现异常，必须重新修订标准，在明确操作要求和掌握新标准的基础上，再继续进行施工，同时还应增加自检、互检的频次。

九、工程变更控制

（一）工程变更的含义

工程项目任何形式、质量、数量上的变动，都称为工程变更，它既包括了工程具体项目的某种形式、质量、数量上的改动，也包括合同文件内容的某种改动。

（二）工程变更的范围

1. 设计变更

设计变更的主要原因是投资者对投资规模的压缩或扩大，而须重新设计。设计变更的另一个原因是对已交付的设计图纸提出新的设计要求，需要对原设计进行修改。

2. 工程量的变动

对于工程量清单中项目的数量的增加或减少。

3. 施工时间的变更

对已批准的承包商施工计划中安排的施工时间或完成时间的变动。

4. 施工合同文件变更

（1）施工图的变更；

（2）承包方提出修改设计的合理化建议，其节约价值的分配；

（3）由于不可抗力或双方事先未能预料而无法防止的事件发生，允许进行合同变更。

（三）工程变更控制

工程变更可能导致项目工期、成本或质量的改变。因此，必须对工程变更进行严格的管理和控制。

在工程变更控制中，主要应考虑以下四个方面：

1. 管理和控制那些能够引起工程变更的因素和条件；

2. 分析和确认各方面提出的工程变更要求的合理性和可行性；

3. 当工程变更发生时，应对其进行管理和控制；

4. 分析工程变更而引起的风险。

十、成品保护

在工程项目施工中，某些部位已完成，而其他部位还正在施工，如果对已完成部位或成品，不采取妥善的措施加以保护，就会造成损伤，影响工程质量。因此，会造成人、财、物的浪费和拖延工期；更为严重的是有些损伤难以恢复原状，而成为永久性的缺陷。

加强成品保护，要从两方面着手，首先应加强教育，提高全体员工的成品保护意识。其次要合理安排施工顺序，采取有效的保护措施。

成品保护的措施包括：

（一）护

护就是提前保护，防止对成品的污染及损伤。如外檐水刷石大角或柱子要立板固定保护；为了防止清水墙面污染，在相应部位提前钉上塑料布或纸板。

（二）包

包就是进行包裹，防止对成品的污染及损伤。如在喷浆前对电气开关、插座、灯具等设备进行包裹，铝合金门窗应用塑料布包扎。

（三）盖

盖就是表面覆盖，防止堵塞、损伤。如高级水磨石地面或大理石地面完成后，应用苫布覆盖；落水口、排水管安好后加覆盖，以防堵塞。

（四）封

封就是局部封闭，如室内塑料墙纸、木地板油漆完成后，应立即锁门封闭；屋面防水完成后，应封闭上屋面的楼梯门或出入口。

第四节　工程质量分析与改进

一、持续改进

我国国家标准《质量管理体系》（GB/T19001—2016）中"持续改进"的要求是："组织应利用质量方针、质量标准、审核结果、数据分析、纠正和预防措施以及管理评审，持续改进质量管理体系的有效性。"

（一）持续改进的作用

1.持续改进的目的是不断提高质量管理体系的有效性，以不断增强顾客满意度。

2.持续改进是增强满足要求的能力的循环活动，改进的重点是改善产品的特殊性和提高质量管理体系过程的有效性。持续改进要求不断寻找进一步改进的机会，并采取适当的改进方式。改进的途径可以是日常渐进的改进活动，也可以是突破性的改进项目。

（二）持续改进的方法

1.通过建立和实施质量目标，营造一个激励改进的氛围和环境；

2.确立质量目标以明确改进方向；

3.通过数据分析、内部审核不断寻求改进的机会，并做出适当的改进活动安排；

4.通过纠正和预防措施及其他适用的措施实现改进；

5.在管理评审中评价改进效果，确定新的改进目标和改进的决定。

（三）持续改进的范围及内容

持续改进的范围包括质量体系、过程和产品三方面，改进的内容涉及产品质量、日常的工作和企业长远的目标，不仅不合格现象必须纠正、改进，目前合格但不符合发展需要的也要不断改进。

（四）持续改进的步骤

1.分析和评价现状，以识别改进的区域；

2.确定改进目标；

3.寻找可能的解决办法以实现这些目标；

4.评价这些解决办法并做出选择；

5.实施选定的解决办法；

6. 测量、验证、分析和评价实施的结果以确定这些目标已经实现；

7. 正式采纳更正（形成正式的规定）；

8. 必要时，对结果进行评审，以确定进一步改进的机会。

二、质量分析

施工项目由于具有产品固定，生产流动；产品多样，结构类型不一；露天作业多，自然条件（地质、水文、气象、地形等）多变；材料品种、规格不同，材性各异，交叉施工，现场配合复杂；工艺要求不同，技术标准不一等特点，因此，对质量影响的因素繁多，在施工过程中稍有疏忽，就极易引起系统性因素的质量变异，导致质量问题或严重的工程质量事故。为此，必须采取有效措施，对常见的质量问题事先加以预防，对出现的质量事故应及时进行分析和处理。

（一）施工项目质量问题的特点

施工项目质量问题具有复杂性、严重性、可变性和多发性的特点。

1. 复杂性

施工项目质量问题的复杂性，主要表现在引发质量问题的因素复杂，从而增加了对质量问题的性质、危害的分析、判断和处理的复杂性。例如建筑物的倒塌，可能是未认真进行地质勘察，地基的容许承载力与持力层不符；也可能是未处理好不均匀地基，产生过大的不均匀沉降；或是盲目套用图纸，结构方案不正确，计算简图与实际受力不符；或是荷载取值过小，内力分析有误，结构的刚度、强度、稳定性差；或是施工偷工减料、不按图施工、施工质量低劣；或是建筑材料及制品不合格，擅自代用材料等原因所造成。由此可见，即使同一性质的质量问题，原因有时截然不同。所以，在处理质量问题时，必须深入地进行调查研究，针对其质量问题的特征做具体分析。

2. 严重性

施工项目质量问题，轻者，影响施工顺利进行，拖延工期，增加工程费用；重者，给工程留下隐患，成为危房，影响安全使用或不能使用；更严重的是引起建筑物倒塌，造成人民生命财产的巨大损失。

3. 可变性

许多工程质量问题，还将随着时间不断发展变化。例如，钢筋混凝土结构出现的裂缝将随着环境湿度、温度的变化而变化，或随着荷载的大小和荷载时间而变化；建筑物的倾斜，将随着附加弯矩的增加和地基的沉降而变化；混合结构墙体的裂缝也会随着温度应力和地基的沉降量而变化；甚至有的细微裂缝，也可以发展成构件断裂或结构物倒塌等重大事故。所以，在分析、处理工程质量问题时，一定要特别重视质量事故的可变性，应及时采取可靠的措施，以免事故进一步恶化。

4.多发性

施工项目中有些质量问题，就像"常见病""多发病"一样经常发生，而成为质量通病，如屋面、卫生间漏水，抹灰层开裂、脱落，地面起砂、空鼓，排水管道堵塞，预制构件裂缝等。另有一些同类型的质量问题，往往一再重复发生，如雨篷的倾覆，悬挑梁、板的断裂，混凝土强度不足等。因此，吸取多发性事故的教训，认真总结经验，是避免事故重演的有效措施。

（二）施工项目质量问题产生的原因

施工项目质量问题表现的形式多种多样，诸如建筑结构的错位、变形、倾斜、倒塌、破坏、开裂、渗水、漏水、刚度差、强度不足、断面尺寸不准等，但究其原因，可归纳如下：

1.违背建设程序

不经可行性论证，不做调查分析就拍板定案；没有搞清工程地质、水文地质就仓促开工；无证设计，无图施工，任意修改设计，不按图纸施工；工程竣工不进行试车运转、不经验收就交付使用等蛮干现象，致使不少工程项目留有严重隐患，房屋倒塌事故也常有发生。

2.工程地质勘察原因

未认真进行地质勘察，提供的地质资料、数据有误；地质勘察时，钻孔间距太大，不能全面反映地基的实际情况；地质勘察钻孔深度不够，没有查清地下软土层、滑坡、墓穴、孔洞等地层构造；地质勘察报告不详细、不准确等，均会导致采用错误的基础方案，造成地基不均匀沉降、失稳，使上部结构及墙体开裂、破坏、倒塌。

3.未加固处理好地基

对软弱土、冲填土、杂填土、湿陷性黄土、膨胀土、岩层出露、熔岩、土洞等不均匀地基未进行加固处理或处理不当，均是导致重大质量问题的原因。必须根据不同地基的工程特性，按照地基处理应与上部结构相结合，使其共同工作的原则，从地基处理、设计措施、结构措施、防水措施、施工措施等方面综合治理。

4.设计计算问题

设计考虑不周、结构构造不合理、计算简图不正确、计算荷载取值过小、内力分析有误、沉降缝及伸缩缝设置不当、悬挑结构未进行抗倾覆验算等，都是诱发质量问题的隐患。

5.建筑材料及制品不合格

诸如钢筋物理力学性能不符合标准，水泥受潮、过期、结块、安定性不良，砂石级配不合理、有害物含量过多，混凝土配合比不准，外加剂性能、掺量不符合要求，均会影响混凝土强度、和易性、密实性、抗渗性，导致混凝土结构强度不足、裂缝、渗漏、蜂窝、露筋等质量问题。预制构件断面尺寸不准，支承锚固长度不足，未可靠建立预应力值，钢筋漏放、错位，板面开裂等，必然会出现断裂、垮塌。

6. 施工和管理问题

许多工程质量问题，往往是由施工和管理所造成。例如：

（1）不熟悉图纸盲目施工

图纸未经会审，仓促施工；未经监理、设计部门同意，擅自修改设计。

（2）不按图施工

把铰接做成刚接、把简支梁做成连续梁、抗裂结构用光圆钢筋代替变形钢筋等，致使结构裂缝破坏；挡土墙不按图设滤水层、留排水孔，致使土压力增大，造成挡土墙倾覆。

（3）不按有关施工验收规范施工

如现浇混凝土结构不按规定的位置和方法任意留设施工缝；不按规定的强度拆除模板；砌体不按组砌形式砌筑，留直槎不加拉结条，在小于1m宽的窗间墙上留设脚手眼等。

（4）不按有关操作规程施工

如用插入式振捣器捣实混凝土时，快插慢拔、上下抽动、层层扣搭的操作方法，致使混凝土振捣不实，整体性差；又如，砖砌体包心砌筑，上下通缝，灰浆不均匀饱满，游丁走缝，不横平竖直等都是导致砖墙、砖柱破坏、倒塌的主要原因。

（5）缺乏基本结构知识蛮干

如将钢筋混凝土预制梁倒放安装；将悬臂梁的受拉钢筋放在受压区；结构构件吊点选择不合理，不了解结构使用受力和吊装受力的状态；施工中在楼面超载堆放构件和材料等，均将给质量和安全造成严重的后果。

（6）施工管理紊乱

施工方案考虑不周，施工顺序错误；技术组织措施不当，技术交底不清，违章作业；不重视质量检查和验收工作等，都是导致质量问题的祸根。

（7）自然条件影响

施工项目周期长、露天作业多，受自然条件影响大，温度、湿度、日照、雷电、洪水、大风、暴雨等都能造成重大的质量事故，施工中应特别重视，采取有效措施予以预防。

（8）建筑结构使用问题

建筑物使用不当，也易造成质量问题。如：不经校核、验算，就在原有建筑物上任意加层；使用荷载超过原设计的容许荷载；任意开槽、打洞、削弱承重结构的截面等。

三、不合格品控制

为确保不合格品的非预期使用或交付，必须对不合格品进行控制。

不合格品是指不能满足要求的产品，可能发生在采购产品中、施工过程中和项目的最终产品中。

项目组织应制定不合格品控制的程序文件，在程序中应规定不合格品控制活动和处置不合格品的职责权限。一般不合格品控制活动包括判定、标识、记录、评审和处置等。

项目组织应通过下列一种或几种途径，处置不合格品：

1.采取措施，例如返工以消除所发现的不合格品；

2.经相关授权人员批准，使用时经顾客批准，经过返修或不返修让步使用，放行或接收不合格品；

3.采取措施，例如降级使用、报废、拒收外来产品等。

经过返工、返修的产品必须经过验证，以证实该产品符合所确定的纠正要求。当产品交付给顾客或已投入使用后发现不合格时，组织应采取处置措施，如修理、调换、赔偿或其他措施等，这些措施应与不合格给顾客造成的影响（包括损失或潜在的影响）相适应。

四、纠正措施的实施

纠正措施是针对不合格品产生的原因，或内审、外审的不合格项或其他监测活动所发现的不合格品产生的原因，采取消除该原因防止不合格品再发生的措施。

通常采取纠正措施的对象或现象有：

1.内审、外审中发现的不合格项；

2.部门或公司领导层检查项目质量管理后要求采取纠正措施时；

3.在日常质量管理中认为有必要采取纠正措施；

4.发生重大质量事故、安全事故之后；

5.管理评审后认为应采取的纠正措施。

五、预防措施的实施

预防措施是为了消除潜在不合格品或不合格项出现的原因所采取的措施，目的是防止发生不合格品或不合格项。

项目应针对下列各种情况采取预防措施：

1.容易出现质量通病的分部分项工程；

2.过去或在其他项目中已多次出现不合格的其他分部分项工程；

3.项目中的质量控制点；

4.项目中出现重大事故后在相似的工程部位或在其他项目中应采取的预防措施；

5.各部门的质量活动中出现应采取预防措施的问题。

预防措施的内容和要求可在施工组织设计、施工方案、技术交底活动中提出。

六、检查、验证

每项质量活动的开展，都应注意其有效性，质量计划亦不例外。项目经理部对质量计划执行情况所进行的检查、内部审核、考核评价和验证实施效果，均是质量计划有效性的体现。

七、工程质量统计分析

（一）工程质量统计的指标内容

为了反映工程质量状况，国家规定考核工程质量的统计指标为验收合格率。

（二）单位工程一次验收合格率

这是考核施工企业对工程质量保证程度的指标。单位工程竣工后，在工程项目经理和企业领导组织自检的基础上，由建设单位负责人组织施工、设计、监理等单位负责人在质量监督机构的监督下进行单位工程竣工验收。各方共同确认该工程质量达到合格时，即为单位工程验收合格，报建设行政管理部门备案。如一次验收未通过，整改后组织第二次验收。

八、常用的数理统计方法

（一）数理统计方法的应用原理

数据是进行质量管理的基础，"一切用数据说话"，才能做出科学的判断。用数理统计方法，通过收集、整理质量数据，可以帮助我们分析、发现质量问题，以便及时采取对策措施，纠正和预防质量事故。

利用数理统计方法控制质量的步骤是：收集质量数据→数据整理→进行统计分析，找出质量波动的规律→判断质量状况，找出质量问题→分析影响质量的原因→拟定改进质量的对策、措施。

1.数理统计的几个概念

（1）母体

母体又称总体、检查批，指研究对象全体元素的集合。母体分为有限母体和无限母体两种。有限母体为有一定数量表现，如一批同牌号、同规格的钢材或水泥等；无限母体则没有一定数量表现，如一道工序，它源源不断地生产出某一产品，本身是无限的。

（2）子体

系从母体中取出来的部分个体，也叫子样或样本。子样分随机取样和系统抽样，前者多用于产品验收，即母体内各个体都有相同的机会或有可能性被抽取；后者多用于工序的控制，即每经一定的时间间隔，每次连续抽取若干产品作为子样，以代表当时的生产情况。

（3）母体与子体、数据的关系

子样的各种属性都是母体特性的反映。在产品生产过程中，子样所属的一批产品（有限母体）或工序（无限母体）的质量状态和特性值，可从子样取得的数据来推测、判断。

（4）随机现象

在质量检验中，某一产品的检验结果可能优良、合格、不合格，这种事先不能确定结果的现象称为随机现象（或偶然现象）。随机现象并不是不可认识的，人们通过大量重复的试验，可以认识它的规律性。

（5）随机事件

随机事件（或偶然事件）是每一种随机现象的表现或结果，如某产品检验为"合格"，某产品检验为"不合格"。

（6）随机事件的频率

频率是衡量随机事件发生可能性大小的一种数量标志。在试验数据中，偶然事件发生的次数叫"频数"，它与数据总数的比值叫"频率"。

2. 数据的收集方法

在质量检验中，除少数的项目须进行全数检查外，大多数是按随机取样的方法收集数据。其抽样的方法较多，仅就其中的四种方法简介于下：

（1）单纯随机抽样法

这种方法适用于对母体缺乏基本了解的情况下，按随机的原则直接从母体 N 个单位中抽取 n 个单位作为样本。样本的获取方式常用的有两种：一是利用随机数表和一个六面体骰子作为随机抽样的工具，通过掷骰子所得的数字，相应地查对随机数表上的数值，然后确定抽取试样编号。二是利用随机数骰子，一般为正六面体，六个面分别标 1～6 的数字。在随机抽样时，可将产品分成若干组，每组不超过六个，并按顺序先排列好，标上编号，然后掷骰子，骰子正面表现的数，即为抽取的试样编号。

（2）系统抽样法

系采用间隔一定时间或空间进行抽取试样的方法。例如要从 300 个产品中抽取 10 个试样，可先将产品标上编号，然后每隔 30 个取 1 个，即用骰子先取 1 个 6 以内的数，若为 5，便可将编号 5、35、65、95……取作子样。系统抽样法很适合流水线上取样。当产品特性有周期性变化时，这种方法容易产生偏差。

（3）分层抽样法

它是将批分成若干层次，然后从这些层次中随机采集样本的方法。

（4）二次抽样法

它是从组成母体的若干分批中，抽取一定数量的分批，然后再从每一个分批中随机抽取一定数量的样本。

一般来说，对于钢材、水泥、砖等原材料，可以采用二次抽样；对于砂、石等散状材料，可采用分层抽样；对于预制构配件，可采用单纯随机抽样。

（二）质量变异分析

1.质量变异的原因

同一批量产品，即使所采用的原材料、生产工艺和操作方法均相同，但其中每个产品的质量也不可能丝毫不差，它们之间或多或少有些差别。产品质量间的这种差别称为变异。影响质量变异的因素较多，归纳起来可分为两类：

（1）偶然性因素

如原材料性质的微小差异，机具设备的正常磨损，模具的微小变形，工人操作的微小变化，温度、湿度的微小波动，等等。这类因素既不易识别，也难以消除，或在经济上不值得消除。我们说产品质量不可能丝毫不差，就是因为有偶然因素的存在。

（2）系统性因素

又称非偶然性因素。如原材料的规格、品种有误，机具设备发生故障，操作不按规程，仪表失灵或准确性差等。这类因素对质量差异的影响较大，可以造成废品或次品；而这类因素所引起的质量差异其数据和符号均可测出，容易识别，应该加以避免。所以系统性因素引起的差异又称为条件误差，其误差的数据和符号都是一定的，或做周期性变化。

2.质量变异的分布规律

对于单个产品，偶然因素引起的质量变异是随机的，但对同一批量的产品来说却有一定的规律性。数理统计证明，在正常的情况下，产品质量特性的分布，一般符合正态分布规律。

（三）排列图法和因果分析图法

1.排列图法

排列图法又叫巴氏图法或巴雷特图法，也叫主次因素分析图法，是分析影响质量主要问题的方法。

排列图由两个纵坐标、一个横坐标、几个长方形和一条曲线组成。左侧的纵坐标是频数或件数，右侧的纵坐标是累计频率，横轴则是项目（或因素），按项目频数大小顺序在横轴上自左而右画长方形，其高度为频数，并根据右侧纵坐标，测出累计频率曲线，又称巴雷特曲线。

制作排列图时应注意的几个问题：

（1）左侧的纵坐标可以是件数、频数，也可以是金额，也就是说，可以从不同的角度去分析问题。

（2）要注意分层，主要因素不应超过三个，否则没有抓住主要矛盾。

（3）频数很少的项目归入"其他项"，以免横轴过长，"其他项"一定放在最后。

（4）效果检验，重画排列图。针对A类因素采取措施后，为检查其效果，经过一段时间，须收集数据重画排列图，若新画的排列图与原排列图主次换位，总的废品率（或损失）下降，说明措施得当，否则，说明措施不力，未取得预期的效果。

排列图广泛应用于生产第一线，如车间、班组或工地，项目的内容、数据、绘图时间和绘图人等资料都应在图上写清楚，使人一目了然。

2. 因果分析图法

因果分析图又叫特性要因图、鱼刺图、树枝图。这是一种逐步深入研究和讨论质量问题的图示方法。在工程实践中，任何一种质量问题的产生，往往是多种原因造成的。这些原因有大有小，把这些原因依照大小顺序分别用主干、大枝、中枝和小枝图形表示出来，便可一目了然地系统观察出产生质量问题的原因。运用因果分析图可以帮助我们制定对策，解决工程质量上存在的问题，从而达到控制质量的目的。

第二章　建设工程施工项目质量管理 ▮

第一节　材料的质量管理

一、材料质量控制的要点

（一）掌握材料信息，优选供货厂家

掌握材料质量、价格、供货能力的信息，选择好供货厂家，就可获得质量好、价格低的材料资源，从而确保工程质量，降低工程造价。这是企业获得良好社会效益和经济效益、提高市场竞争能力的重要因素。

材料订货时，要求厂方提供质量保证文件，用以表明提供的货物完全符合质量要求。质量保证文件的内容主要包括：供货总说明、产品合格证及技术说明书、质量检验证明、检测与试验者的资质证明、不合格品或质量问题处理的说明及证明、有关图纸及技术资料等。

对于材料、设备、构配件的订货、采购，其质量要满足有关标准和设计的要求，交货期应满足施工及安装进度计划的要求。对于大型的或重要的设备以及大宗材料的采购，应当实行招标采购的方式；对某些材料，如瓷砖等装饰材料，订货时最好一次订齐和备足货源，以免由于分批订货而出现颜色差异、质量不一。

（二）合理组织材料供应，确保施工正常进行

合理、科学地组织材料的采购、加工、储备、运输，建立严密的计划、调度体系，加快材料的周转，减少材料的占用量，按质、按量、如期地满足建设需要，乃是提高供应效益，确保正常施工的关键环节。

（三）合理组织材料使用，减少材料的损失

正确按定额计量使用材料,加强运输、仓库、保管工作,加强材料限额管理和发放工作,健全现场材料管理制度，避免材料损失、变质，乃是确保材料质量、节约材料的重要措施。

1. 对用于工程的主要材料,进场时必须具备正式的出厂合格证和材质化验单。如不

具备或对检验证明有怀疑时，应补做检验。

2.工程中所有构件必须具有厂家批号和出厂合格证。钢筋混凝土和预应力钢筋混凝土构件均应按规定的方法进行抽样检验。由于运输、安装等出现的构件质量问题，应分析研究，经处理鉴定后方可使用。

3.凡标志不清或认为质量有问题的材料，对质量保证资料有怀疑或与合同规定不符的一般材料，由工程重要程度决定应进行一定比例试验的材料，需要进行追踪检验以控制和保证其质量的材料等，均应进行抽检。对于进口的材料设备和重要工程或关键施工部位所用的材料，则应进行全部检验。

4.材料质量抽样和检验的方法，应符合《建筑材料质量标准与管理规程》，要能反映该批材料的质量性能。对于重要构件或非匀质的材料，还应酌情增加采样的数量。

5.在现场配制的材料，如混凝土、砂浆、防水材料、防腐材料、绝缘材料、保温材料等的配合比，应先提出试配要求，经试配检验合格后才能使用。

6.对进口材料、设备应会同商检局检验，如核对凭证中发现问题，应取得供方和商检人员签署的商务记录，按期提出索赔。

7.对高压电缆、绝缘材料，要进行耐压试验。

（四）要重视材料的使用认证，以防错用或使用不合格的材料

1.对主要装饰材料及建筑配件，应在订货前要求厂家提供样品或看样订货；主要设备订货时，要审核设备清单，检查是否符合设计要求。

2.对材料性能、质量标准、适用范围和施工要求必须充分了解，以便慎重选择和使用材料。如红色大理石或带色纹（红、暗红、金黄色纹）的大理石易风化剥落，不宜用作外装饰；外加剂木钙粉不宜用蒸汽养护；早强剂三乙醇胺不能用作抗冻剂；碎石或卵石中含有不定型二氧化硅时，将会使混凝土产生碱—骨料反应，使质量受到影响。

3.凡是用于重要结构、部位的材料，使用时必须仔细地核对，认证其材料的品种、规格、型号、性能有无错误，是否适合工程特点和满足设计要求。

4.新材料应用，必须通过试验和鉴定；代用材料应用，必须通过计算和充分的论证，并要符合结构构造的要求。

5.材料认证不合格时，不许用于工程中；有些不合格的材料，如过期、受潮的水泥是否降级使用，亦须结合工程的特点予以论证，但决不允许用于重要的工程或部位。

二、材料质量控制的内容

（一）材料质量标准

材料质量标准是用以衡量材料质量的尺度，也是作为验收、检验材料质量的依据。

不同的材料有不同的质量标准，如水泥的质量标准有细度、标准稠度用水量、凝结时间、强度、体积安定性等。掌握材料的质量标准，就便于可靠地控制材料和工程的质量。如水泥颗粒越细，水化作用就越充分，强度就越高；初凝时间过短，不能满足施工有足够的操作时间，初凝时间过长，又影响施工进度；安定性不良，会引起水泥石开裂，造成质量事故；强度达不到等级要求，直接危害结构的安全。为此，对水泥的质量控制，就是要检验水泥是否符合质量标准。

（二）材料质量的检验

1. 材料质量检验的目的

材料质量检验的目的，是通过一系列的检测手段，将所取得的材料数据与材料的质量标准相比较，借以判断材料质量的可靠性，能否使用于工程中；同时，还有利于掌握材料信息。

2. 材料质量的检验方法

材料质量的检验方法有书面检验、外观检验、理化检验和无损检验四种。

（1）书面检验

通过对提供的材料质量保证资料、试验报告等进行审核，取得认可方可使用。

（2）外观检验

对材料从品种、规格、标志到外形尺寸等进行直观检查，看其有无质量问题。

（3）理化检验

借助试验设备和仪器对材料样品的化学成分、机械性能等进行科学的鉴定。

（4）无损检验

在不破坏材料样品的前提下，利用超声波、X射线、表面探伤仪等进行检测。

3. 材料质量检验程度

根据材料信息和保证资料的具体情况，其质量检验程度分免检、抽检和全检验三种。

（1）免检

就是免去质量检验过程。对有足够质量保证的一般材料，以及实践证明质量长期稳定且质量保证资料齐全的材料，可予免检。

（2）抽检

就是按随机抽样的方法对材料进行抽样检验。当对材料的性能不清楚，或对质量保证资料有怀疑，或成批生产的构配件，均应按一定比例进行抽样检验。

（3）全检验

凡对进口的材料、设备和重要工程部位的材料，以及贵重的材料，应进行全部检验，以确保材料和工程质量。

4. 材料质量检验项目

材料质量检验项目分为："一般试验项目"，为通常进行的试验项目；"其他试验项目"，为根据需要进行的试验项目。如水泥，一般要进行标准稠度、凝结时间、抗压和抗折强度检验；若是小窑水泥，往往其安定性不良好，则应进行安定性检验。

5. 材料质量检验的取样

材料质量检验的取样必须有代表性，即所采取样品的质量应能代表该批材料的质量。在采取试样时，必须按规定的部位、数量及采选的操作要求进行。

6. 材料抽样检验的判断

抽样检验一般适用于对原材料、半成品或成品的质量鉴定。由于产品数量大或检验费用高，不可能对产品逐个进行检验，特别是破坏性和损伤性的检验。通过抽样检验，可判断整批产品是否合格。

7. 材料质量检验的标准

对不同的材料，有不同的检验项目和不同的检验标准，而检验标准则是用以判断材料是否合格的依据。

比如，沥青胶的一般试验项目有耐热度、黏结力和柔韧性三项。耐热度的确定应视屋面坡度和环境温度而定，如屋面坡度为 3% ~ 15%，环境温度为 38 ~ 41℃时，则要求沥青胶的耐热度为 70℃（标号）。在进行耐热度试验时，则是将一定配合比的沥青胶以 2mm 厚黏合两张油纸，置于温度为 70℃、坡度为 1∶1 的斜面上停放 5h，要求无流淌、滑动现象。黏结力检验，是将两张黏合的油纸撕开，其撕开面积要求不大于黏结面积的 1/2。柔韧性检验，是将涂有 2mm 厚沥青胶的油纸，在温度为 18±2℃条件下，围绕直径 15mm 的圆棒以 2s 的速度弯曲半周无裂痕。

（三）材料的选择和使用要求

材料的选择和使用不当，均会严重影响工程质量或造成质量事故。为此，必须针对工程特点，根据材料的性能、质量标准、适用范围和对施工要求等方面进行综合考虑，慎重地选择和使用材料。

例如，储存期超过三个月的过期水泥或受潮、结块的水泥，须重新检定其强度等级，并且不允许用于重要工程中；不同品种、强度等级的水泥，由于水化热不同，不能混合使用；硅酸盐水泥、普通水泥因水化热大，适宜于冬季施工，而不适宜于大体积混凝土工程；矿渣水泥适用于配制大体积混凝土和耐热混凝土，但具有泌水性大的特点，易降低混凝土的匀质性和抗渗性，因此，在施工时必须加以注意。

第二节　方法的管理

这里所指的方法控制，包含建设项目整个建设周期内所采取的技术方案、工艺流程、组织措施、检测手段、施工组织设计等的控制。尤其是施工方案正确与否，是直接影响施工项目的进度控制、质量控制、投资控制三大目标能否顺利实现的关键。往往由于施工方案考虑不周而拖延进度，影响质量，增加投资。为此，在制订和审核施工方案时，必须结合工程实际，从技术、组织、管理、工艺、操作、经济等方面进行全面分析、综合考虑，力求方案技术可行、经济合理、工艺先进、措施得力、操作方便，有利于提高质量、加快进度、降低成本。

现就大体积混凝土浇筑方案的拟订进行分析，如何在满足技术可行的前提下，达到经济合理的要求。

例：大体积混凝土浇筑方案。

已知：某基础尺寸长、宽、高为 $20 \times 8 \times 3m$，浇筑混凝土时不允许留设施工缝，工地只有 3 台搅拌机，每台产量为 $5m^3/h$，从搅拌站至浇筑地点的运输时间为 24min，混凝土初凝时间为 2h。

方案拟订分析如下：

（1）求每小时混凝土的浇筑量

当大体积混凝土浇筑不留施工缝时，应保证浇筑上层混凝土时下层混凝土不致产生初凝现象。为此，必须按下列公式计算每小时混凝土的浇筑量，即

$$Q = \frac{L \cdot B \cdot H}{t_1 - t_2}$$

式中，Q——每小时混凝土浇筑量，m^3/h；

L、B——基础长度和宽度，m；

t_1——混凝土初凝时间，h；

t_2——混凝土运输时间，h；

H——浇筑层厚度，本例取 H =0.3m。

根据已知条件，本例每小时混凝土浇筑量为：

$$Q = \frac{20 \times 8 \times 3}{2 - 0.4} = 30 \ (m^3/h)$$

如果搅拌机数量不受限制，则应据此来选择搅拌机的台数，以保证搅拌机的产量能满足 $30m^3/h$ 的需要。但现只有 3 台搅拌机，每小时只能生产混凝土 $15m^3$，不能满足所需的浇筑量。

（2）根据现有 3 台搅拌机的生产能力，决定采用浇筑量 Q =15m³/h。

（3）已知 Q =15m³/h，则在此条件下的允许浇筑长度为：

$$L = \frac{Q(t_1 - t_2)}{B \cdot H} = \frac{15 \times (2 - 0.4)}{8 \times 0.3} = 10 \ (m)$$

也就是说，当 Q =15m³/h 时，下层混凝土只能浇筑 10m 长，随即就要浇筑上层混凝土，这样，下层混凝土才不致产生初凝现象。

（4）浇筑方案选用分析

①全面分层浇筑方案。此方案在技术上不可行，因为基础长度为 20m，允许浇筑长度为 10m，当浇完下层 20m 后再浇上层，下层混凝土必然产生初凝现象。

②全面分层、二次振捣的浇筑方案。混凝土初凝以后，不允许受到振动；混凝土尚未初凝进行二次振捣（刚接近初凝再进行一次振捣，称二次振捣），这在技术上是允许的。二次振捣可克服一次振捣的水分、气泡上升在混凝土中所造成的微孔，亦可克服一次振捣后混凝土下沉与钢筋脱离，从而提高混凝土与钢筋的握裹力，提高混凝土的强度、密实性和抗渗性。

全面分层、二次振捣浇筑方案，就是当下层混凝土接近初凝前再进行一次振捣，使混凝土恢复和易性。这样，当下层混凝土一直浇完 20m 后再浇上层，不致使下层混凝土产生初凝现象。此方案在技术上是可行的，也有利于保证混凝土的质量，但需要增加人力和振动设备，是否采用，应进行技术经济比较。

③当第一段第一层浇至 2～3m 后，即成阶梯地浇第二、三……层，直至所需高度后再浇第二、第三段，依次向前推进，且每段各层总的浇筑长度，不应超过允许的浇筑长度。此方案只适用于面积大、高度小的结构，对本例不可行，因本例高度为 3m，分层过多。

④全面分层、加缓凝剂浇筑方案。此方案技术上可行，施工方便，无须增加人员和设备，仅增加缓凝剂的费用。其缓凝时间可按下式计算：

$$t_1 = \frac{L \cdot B \cdot H}{Q} + t_2 = \frac{20 \times 8 \times 0.3}{15} + 0.4 = 3.6 \text{（h）}$$

从计算结果可知，扣除混凝土初凝时间 2h 后，只须缓凝 1.6h 就能满足全面分层的要求。若采用木钙粉缓凝剂，一般只须掺占水泥重量 0.2% 的木钙粉即可。实际应用时则须通过试验确定。

⑤要求斜边坡度不大于 1：3. 从上向下振捣。采取此方案时，应使斜边长度不大于允许浇筑长度。本例按 1：3 的坡度，则得斜边长为：

$$L = \sqrt{3^{2+} 9^2} = 9.5 \text{（m）} < 10 \text{（m）}$$

由此可见，斜面分层浇筑方案在技术上是可行的，在经济上也是合理的。若斜边长度大于允许浇筑长度时，亦可采用斜面分层、掺缓凝剂的浇筑方案。

对大体积混凝土的施工方案，还要解决和控制水泥的水化热问题，因水化热可使混凝土内外温差高达 50～55℃，混凝土在温度应力作用下而遭到破坏。所以，大体积混凝土的施工方案，不论采取何种技术措施，都要从降低水泥的水化热出发，把温差控制在 25℃ 范围内。

另外，对施工方案选择的前提，一定要满足技术的可行性，如液压滑模施工，要求模板内混凝土的自重必须大于混凝土与模板间的摩阻力；否则，当混凝土自重不能克服摩阻力时，混凝土必然随着模板的上升而被拉断、拉裂。所以，当剪力墙结构、简体结构的墙壁过薄，框架结构柱的断面过小时，均不宜采用液压滑模施工。又如，在有地下水、流沙，且可能出现管涌现象的地质条件下进行沉井施工时，则沉井只能采取连续下沉、水下挖土、水下浇筑混凝土的施工方案；否则，采取排水下沉施工，则难以解决流沙、地下水和管涌问题；若采取人工降水下沉施工，又可能更不经济。

总之，方法是实现工程建设的重要手段，无论方案的制订、工艺的设计、施工组织设计的编制、施工顺序的开展和操作要求等，都必须以确保质量为目的严加控制。

第三节　机械设备的管理

一、施工机械设备选用的质量控制

施工机械设备是实现施工机械化的重要物质基础，是现代化施工中必不可少的设备，对施工项目的进度、质量均有直接影响。为此，施工机械设备的选用，必须综合考虑施工现场的条件、建筑结构类型、机械设备性能、施工工艺和方法、施工组织与管理、建筑技术经济等各种因素进行多方案比较，使之合理装备、配套使用、有机联系，以充分发挥机械设备的效能，力求获得较好的综合经济效益。

机械设备的选用，应着重从机械设备的选型、机械设备的主要性能参数和机械设备的使用、操作要求三方面予以控制。

（一）机械设备的选型

机械设备的选型，应本着因地制宜、因工程制宜，按照技术上先进、经济上合理、生产上适用、性能上可靠、使用上安全、操作方便和维修方便的原则，贯彻执行机械化、半机械化与改良工具相结合的方针，突出施工与机械相结合的特色，使其具有工程的适用性、保证工程质量的可靠性、使用操作的方便性和安全性。例如，从适用性出发，正铲挖掘机只适用于挖掘停机面以上的土；反铲挖掘机则可适用于挖掘停机面以下的土；而抓铲挖掘机最适宜于水中挖土；推土机由于工作效率高，具有操纵灵活、运转方便的特点，所以用途较广，但其推运距离宜在 100m 以内；铲运机能独立完成铲土、运土、卸土、填筑、压实等工作，适用于大面积场地平整，开挖大型基坑、沟槽以及填筑路基、堤坝等工程，但不适于在砾石层和冻土地带以及沼泽区工作。又如，预应力张拉设备，根据锚具的型式,从适用性出发,对于拉杆式千斤顶,只适用于张拉单根粗钢筋的螺丝端杆锚具、张拉钢丝束的锥形螺杆锚具或 DMSA 型镦头锚具;锥锚式千斤顶,则适用于张拉钢筋束和钢绞线束的 K-Z 型锚具,或张拉钢丝束的锥形锚具。从保证质量、可靠地建立预应力值出发,则必须使千斤顶的张拉力大于张拉程序中所需的最大张拉值;且对千斤顶和油表一定要定期配套校正、配套使用;在使用中,若千斤顶漏油严重、油表指针不能回到零、发生连续断筋或换新油表时,均得重新校正。对于高空张拉,从操作方便、安全出发,则宜选用体积小、重量轻的手提式千斤顶。

(二)机械设备的主要性能参数

机械设备的主要性能参数是选择机械设备的依据,要能满足需要和保证质量的要求。例如,打桩机械设备的选择,实质上就是对桩锤的选择,首先要根据工程特点(土质、桩的种类、施工条件等)确定锤的类型,然后再定锤的重量。而锤的重量必须具有一定的冲击能,应使锤的重量大于桩的重量,当桩重大于 2t 时,锤的重量也不能小于桩重的 75%。这是因为,锤重则落距小,"重锤低击"使锤不产生回跃,不至于损坏桩头,桩入土快,能保证打桩质量;反之,"轻锤高击"使锤易回跃,易打坏桩头,桩难以打入土中,不能保证打桩质量。又如,起重机的选择是吊装工程的重要环节,因为起重机的性能和参数直接影响构件的吊装方法、起重机开行路线与停机点的位置、构件预制和就位的平面布置等问题。

(三)机械设备的使用、操作要求

合理使用机械设备,正确地进行操作,是保证项目施工质量的重要环节。施工时应贯彻"人机固定"原则,实行定机、定人、定岗位责任的"三定"制度。操作人员必须认真执行各项规章制度,严格遵守操作规程,防止出现安全质量事故。对吊装的结构和构件,还应事先进行吊装验算,合理地选择吊点,正确绑扎,使构件在吊装过程中保持平衡,以利对中就位,不致因吊装受力过大而使结构受到损伤。

机械设备在使用中,要尽量避免发生故障,尤其是预防事故损坏(非正常损坏),即指人为的损坏。造成事故损坏的主要原因有:操作人员违反安全技术操作规程和保养规程,操作人员技术不熟练或麻痹大意,机械设备保养、维修不良,机械设备运输和保管不当,施工使用方法不合理和指挥错误,气候和作业条件的影响等。这些都必须采取措施,严加防范,随时要以"五好"标准予以检查控制,即:

1. 完成任务好

要做到高效、优质、低耗和服务好。

2. 技术状况好

要做到机械设备经常处于完好状态,工作性能达到规定要求,机容整洁和随机工具部件及附属装置等完整齐全。

3. 使用好

要认真执行以岗位责任制为主的各项制度，做到合理使用、正确操作和原始记录齐全准确。

4. 保养好

要认真执行保养规程，做到精心保养，随时搞好清洁、润滑、调整、紧固、防腐。

5. 安全好

要认真遵守安全操作规程和有关安全制度，做到安全生产，无机械事故。

只要调动人的积极性，建立健全规章制度，严格执行技术规定，就能提高机械设备的完好率、利用率和效率。

二、生产机械设备的质量控制

生产设备的控制，主要是控制设备的购置、设备的检查验收、设备的安装和设备的试压和试运转。

（一）设备的购置

设备的购置是直接影响设备质量的关键环节，设备能否满足生产工艺要求、配套投产、正常运转、充分发挥效能、确保加工产品的精度和质量，是否技术先进、经济适用、操作灵活、安全可靠、维修方便、经久耐用，这些均与设备的购置密切相关。为此，在购置设备时，应特别重视以下几点：

1. 必须按设计的选型购置设备。

2. 设备购置应申报，对设备订货清单（包括设备名称、型号、规格、数量等）按设计要求逐一审核认证后，方能加工订货。

3. 优选订货厂家。要求制造厂家提供产品目录、技术标准、性能参数、版本图样、质保体系、销售价格、供销文件等有关信息资料；并通过社会调查，了解制造厂家企业的素质、资质等级、技术装备、管理水平、经营作风、社会信誉等各方面的情况，然后进行综合分析比较后，择优选择订货厂家。尤其是对某些成套设备或大型设备，还必须通过设备招标的方式来优选制造厂家。

4. 签订订货合同。设备购置应以经济合同形式对设备的质量标准、供货方式、供货时间、交货地点、组织测试要求、检测方法、保修索赔期限以及双方的权利和义务等，予以明确规定。

5. 设备制造质量的控制。对于主要或关键设备，在其制造过程中，还应深入制造厂家，检查控制设备的制造质量。检查控制的内容应着重以下三大类部件：

（1）钢结构焊接部件。检查的内容为材料质量、放样尺寸、切割下料、坡口焊接、部件组装、变形校正、外形尺寸、油漆、静动负荷试验和无损探伤等。

（2）机械类部件。检查的内容为原材料、铸件或锻件、调质处理、机械加工、组装、测量鉴定和负荷试验等。

（3）电气自动化部件。检查的内容为元件、组件、部件组装、仪表、信号、线路、空载和负荷试验等。

6.购置的设备在运输中，必须采取有效的包装和固定措施，严防碰撞损伤。

7.加强设备的储存、保管，避免配件、备件的遗失，避免设备遭受污染、锈蚀和控制系统的失灵。

（二）设备的检查验收

1.设备开箱检查

设备出厂时，一般都要进行良好的包装，运到安装现场后，再将包装箱打开予以检查。设备开箱时应注意以下事项：

（1）开箱前，应查明设备的名称、型号和规格，查对箱号、箱数和包装情况，避免开错。

（2）开箱时，应严防损伤设备和丢失附件、备件，并尽可能减少箱板的损失。

（3）宜将设备运至安装地点附近开箱，以减少开箱后的工作，避免设备在二次搬运中出现附件、备件丢失现象。

（4）应将箱顶面的尘土、垃圾清扫干净后再开箱，以免设备遭受污染。开箱应从顶板开始，拆开顶板查明装箱情况后，再依次拆除其他箱板。

（5）开箱应用起钉器或撬杠，如有铁皮箍时应先行拆除，切忌用锤斧乱敲、乱砍。同时，还应注意周围环境，以防箱板倒下碰伤邻近的设备或人员。

（6）设备的防护物及包装，应随着安装顺序拆除，不得过早拆除，以保护设备免遭锈蚀损坏。

（7）开箱后，对设备的附件、备件不可直接放在地面，应放在专用箱中或专用架上。

设备的开箱检查，主要是检查外表，初步了解设备的完整程度，零部件、备品是否齐全；而对设备的性能、参数、运转、质量标准的全面检验，则应根据设备类型的不同进行专项的检验和测试。

2.设备检验要求

设备进场时，要按设备的名称、型号、规格、数量的清单逐一检查验收，其检验的要求如下：

（1）对整机装运的新购设备，应进行运输质量及供货情况的检查。对有包装的设备，应检查包装是否受损；对无包装的设备，则可直接进行外观检查及附件、备品的清点；对进口设备，则要进行开箱全面检查。若发现设备有较大损伤，应做好详细记录或照相，并尽快与运输部门或供货厂家交涉处理。

（2）对解体装运的自组装设备，在对总成、部件及随机附件、备品进行外观检查后，应尽快组织工地组装并进行必要的检测试验。因为该类设备在出厂时抽样检查的比例很小，一般不超过 3%，其余的只做部件及组件的分项检验，而不做总装试验。

关于保修期及索赔期的规定为：一般国产设备从发货日起 12 ～ 18 个月，进口设备从发货日起 6 ～ 12 个月，有合同规定者按合同执行。对进口设备，应力争在索赔期的上半年或迟至 9 个月内安装调试完毕，以争取 3 ～ 6 个月的时间进行生产考验，发现问题及时提出索赔。

（3）工地交货的机械设备，一般都由制造厂在工地进行组装、调试和生产性试验，自检合格后才提请订货单位复验，待试验合格后才能签署验收。

（4）调拨的旧设备的测试验收，应基本达到"完好设备"的标准。全部验收工作，应在调出单位所在地进行，若测试不合格就不装车发运。

（5）对于永久性或长期性的设备改造项目，应按原批准方案的性能要求，经过一定的生产实践考验并经鉴定合格后才予以验收。

（6）对于自制设备，在经过 6 个月的生产考验后，按试验大纲的性能指标测试验收，决不允许擅自降低标准。

总之，机械设备的检验是一项专业性、技术性较强的工作，需要有关技术、生产部门参加。重要的关键性大型设备，应由总监理工程师（或机械师）组织鉴定小组进行检验。一切随机的原始资料、自制设备的设计计算资料、图纸、测试记录、验收鉴定结论等应全部清点、整理归档。

（三）设备的安装

设备的安装要符合有关设备的技术要求和质量标准。在安装过程中，同样要对每一个分项、分部工程和单位工程进行检查验收和质量评定。

设备安装工作主要包括：设备定位，设备基础检验，设备就位，设备调平找正，设备的复查与二次灌浆，设备拆卸、清洗与润滑和设备装配等内容。

1. 设备定位

设备定位的基本原则是：满足生产工艺的要求，符合设备平面布置图和安装施工图的规定，便于操作、维护、检修，有利于安全生产及各工序间的配合衔接。其定位的具体要求如下：

（1）符合车间生产对象的特点及生产流程的要求，如为流水生产线，尤其应注意工序间的运输和衔接。

（2）应有足够的空间、过道、运输道，以方便操作，有利于安全，便于设备拆卸、清洗、修理、维护，便于材料、工件、部件的运输。

（3）设备排列整齐、美观，其定位基准线应以车间柱子的纵横中心线或墙的边缘线为基准，设备平面位置对基准线的距离及相互间距的允许偏差应符合规定。

（4）设备在车间内纵横排列的规定为：同类设备纵横向排列或倾角排列时必须对齐，倾斜角度一致；不同类型设备纵横向或直线成倾角排列时，其正面操纵位置必须排列整齐。

（5）设备定位的量度起点，若施工图或设备平面布置图有明确规定，应按规定要求；若仅有轮廓形状，应以设备实际形状的最外点（如车床正面的溜板箱手柄端、床头的皮带罩等）算起。

（6）工艺设备、辅助设备、运输设备、电气设备、管道系统（润滑、冷却液、压缩空气管道等）、通风设备等相互间应有联系，辅助设备、运输设备等应服从主要生产设备。

（7）精加工与粗加工设备间的距离以不影响加工精度为准，机床与墙、柱间的距离及两机床之间的距离应符合平面布置图的规定。

（8）胶带输送机、辊道、传送链等连续运输设备定位时，应保证相互之间及与辅助设备之间能正确衔接。

（9）设备安装定位的标高及允许误差，应符合图纸和技术标准的要求。

此外，设备定位还应符合经济原则，如使工件与材料运距短、车间平面利用率高、设备效能发挥大、生产管理方便等。

2. 设备基础检验

每台设备都要有坚固的基础，以承受设备本身的重量和设备运转时产生的振动力和惯性力。若无一定体积的基础来承受这些负荷和抵抗振动，必将影响设备本身的精度和寿命，从而影响产品的质量，严重者甚至使厂房遭到破坏。

根据使用的材料不同，基础分为素混凝土基础和钢筋混凝土基础。素混凝土基础主要用于安装静止设备和振动力不大的设备，如罐类设备、轻型机床、小功率电机及其他均衡运转的小型设备。钢筋混凝土基础用于安装大型及有振动力的设备，如压缩机、轧钢机、重型机床等。

根据承受负荷的性质不同，设备基础可分为受静负荷的基础和受动负荷的基础。

根据基础的结构和外形的不同，设备基础又可分为单块式基础和大块式基础。单块式基础是根据工艺上的需要而单独建造的，它与其他基础或厂房基础没有任何联系，其顶面的形状与设备底座基本相似，或者稍大一些，顶面标高视工艺需要而定。大块式基础是建成连续的大块，以供邻近的多台设备、辅助设备和工艺管道的安装。

设备在安装就位前，安装单位应对设备基础进行检验，以保证安装工作的顺利进行。一般是检查基础的外形几何尺寸、位置、混凝土质量等。对大型设备的基础，应审核土建部门提供的预压及沉降观测记录；如无沉降记录时，应进行基础预压，以免设备在安装后出现基础下沉和倾斜。

设备基础检查验收的要求为：

（1）所在基础表面的模板、地脚螺栓固定架及露出基础外的钢筋等，必须拆除；地脚螺栓孔内模板、碎料及杂物、积水等，应全部清除干净。

（2）根据设计图纸要求，检查所有预埋件的数量和位置的正确性。

（3）设备基础断面尺寸、位置、标高、平整度和质量，必须符合图纸和规范要求，其偏差不超过规定的允许偏差范围。

（4）检查混凝土的质量，主要检查混凝土的抗压强度，它是反映混凝土能否达到设计强度的主要指标。

（5）设备基础经检验后，对不符合要求的质量问题应立即进行处理，直至检验合格为止。

3. 设备就位

在设备安装中，正确地找出并划定设备安装的基准线，然后根据基准线将设备安放到正确位置上，统称就位。这个"位置"是指平面的纵、横向位置和标高。设备就位前，应将其底座底面的油污、泥土等脏物以及地脚螺栓预留孔中的杂物除去，需灌浆处理的基础或地坪表面应凿成麻面，否则，灌浆质量就无法保证。

设备就位时，一方面要根据基础上的安装基准线，另一方面还要根据设备本身画出的中心线。为了使设备上的定位基准线对准安装基准线，通常要将设备进行微移调整，将其安装过程中所出现的偏差控制在允许范围之内。

设备就位应平稳，防止摇晃位移；对重心较高的设备，应采取措施预防失稳倾覆。

机械设备安装到基础上的方法，分为有垫铁安装法和无垫铁安装法。

4. 设备调平找正

设备调平找正主要是使设备通过校正调整达到国家规范所规定的质量标准，其作用是：

（1）保证设备的稳定及其重心的平衡，从而避免设备变形，减少运转中的振动；

（2）减少磨损，延长设备的使用寿命；

（3）保证设备的正常润滑和正常运转；

（4）保证产品的质量和加工精度；

（5）使设备在运转过程中能降低动力消耗，从而降低产品成本和节约能源。

设备调平找正分三个步骤进行，即：

第一步，设备的找正。设备找正也需要有相应的基准面和测点。所选择的测点应有足够的代表性，且数量也不宜太多，以保证调整的效率；选择的测点数应保证安装的最小误差。一般情况下，对于刚性较大的设备，测点数可较少；对于易变形的设备，测点应适当增多。

设备找正常用的工具有钢丝线、直尺、角尺、塞尺、平尺、平板等，常用的量具有百分表、游标卡尺、内径千分尺、外径千分尺、水平仪、准直仪、读数显微镜、水准仪以及其他光学工具等。

第二步，设备的初平。设备的初平是在设备就位找正之后，初步将设备的安装水平调整到接近要求的程度。设备的初平常与设备就位结合进行，因为这时设备还未经彻底清洗，地脚螺栓还没有进行二次灌浆，虽已找正，但还未紧固，所以此时只能进行初平。初平的基本方法有：在精加工平面上找平、在精加工的立面上找平、轴承座找平、利用样板找平、床面轨道找平、旋转找平法等。

第三步，设备的精平。设备的精平是对设备进行最后的检查调整。设备的精平调整应该在清洗后的精加工面进行。精平时，设备的地脚螺栓已灌浆，其混凝土强度不应低于设计强度的70%；地脚螺栓可紧固。设备的精平方法有：安装水平的检测、垂直度的检测、直线度的检测、平面度的检测、平行度的检测、同轴度的检测、跳动检测、对称度的检测等。

5. 设备的复查与二次灌浆

每台设备在安装定位、调平找正以后，要进行严格的复查工作，使设备的标高、中心和水平以及螺栓调整垫铁的紧度完全符合技术要求，并将实测结果记录在质量表格中。如果检查结果完全符合安装技术标准，并经监理单位审查合格，即可进行二次灌浆工作。

设备安装精度的全面复查，主要是检查中心线、标高、安装水平度及相关的连接和间隙。

6. 设备拆卸、清洗与润滑

（1）设备拆卸与清洗

设备的拆卸方法有：击卸、压卸、拉卸、热拆卸和冷拆卸等。

设备的清洗方法有擦洗、浸洗、喷洗、电解清洗、超声波清洗等。

常用的清洗液有煤油、溶剂汽油、轻柴油、机械油、汽轮机油、变压器油、碱性清洗液等。

（2）设备润滑

任何机械设备要正常运转，就必须有良好的润滑，这是因为在机械设备相对运动的接触面间存在着摩擦。摩擦是现象，磨损是摩擦的结果，而磨损是决定机械设备使用寿命长短的重要因素。因此，润滑是降低摩擦、减少磨损、延长使用寿命的重要措施。

①润滑方式

正确选择润滑方式对保证润滑剂的输送、分配、调节和检查以及提高机械设备的工作性能和使用寿命起着十分重要的作用。润滑方式主要有：手工加油润滑，滴油润滑，飞溅润滑，油环、油链和油轮润滑，油绳、油垫润滑，机械强制送油润滑，油雾润滑，集中润滑，压力循环润滑，内在润滑等。

对于润滑方式的选择必须从设备的实际情况出发，从设备构造、润滑部位的分布、润滑剂的种类以及油量的要求等全面考虑。

②常用的润滑剂的分类

矿物油：馏分矿物油、馏分矿物油 + 添加剂。

润滑脂：有机脂（矿物油的皂基脂、合成油的皂基脂）、无机脂。

水基液体：水、乳化液（水包油、油包水）、水和其他物质的混合物。

固体润滑剂：软金属、金属的化合物，其他无机物质、有机物质等。

7. 设备装配

设备装配就是将众多的机械零件进行组合、连接或固定，并保证相互连接的零件有正确的配合及保证正确的相对位置。

（1）装配的要点

①装配前必须了解所装机件的用途、原理、构造及有关技术要求，并要熟悉和掌握装配工作中的各项技术规范。

②设备装配时，应先检查零部件与装配有关的外表形状和尺寸精度，确认符合要求后才能装配。

③对所有的耦合件和不能互换的零件，应按拆卸、修理或制造时所做的符号成对或成套装配，不准混装；弹簧在装配时，不准拉长或切短。

④工作中有振动的零件连接，装配时应有防止松动的保险装置，机体上所有紧固零件不准有松动现象。

⑤各种铜皮、铁皮、保险垫片、弹簧垫圈、止动铁丝等一般不准重复使用。纸垫、软木垫及各种毡垫的油封均应更新，各种塑料在安装时均不应涂油漆和黄油，但可用机油。密封件在安装后不得有漏油现象。

⑥所有皮质油封在装配前必须浸入已加热至66℃的机油和煤油各半的混合液中浸泡5~8分钟；橡胶油封应在摩擦部分涂以齿轮油。安装油封时，油封外圈可涂以白色油漆。

⑦设备及各种阀体等零件，其本身不得有裂缝，密封不得漏油、漏水、漏气等。螺钉头、螺母及机体的接触面，不许倾斜和留有间隙。

⑧装配完毕后，必须按技术条件检查各部分连接的正确性与可靠性，然后才可以进行试运转工作。

（2）装配分类

设备的装配可分为以下四类：

①螺纹连接、键、销的装配；

②过盈配合零件的装配；

③传动机构的装配；

④滑动轴承的装配。

（四）设备的试压和试运转

设备安装经检验合格后，还必须进行试压和试运转，这是确保配套投产正常运转的重要环节。

1.设备试压

凡承压设备（如受压容器、真空设备等）在制造完毕后，必须按要求进行压力试验。试压的目的是检验设备的强度（称强度试验），并检查接头、焊缝等是否有泄漏（称密封性或严密性试验），以保证设备的安全生产和正常运行。试压的方法有水压试验、气压试验和气密性试验三种。

（1）水压试验

水压试验是在被试设备内充满水后，再用试压泵继续向内压水，使设备内形成一定的压力，借助水的压强对容器壁进行强度试验。

（2）气压试验

气压试验是用压缩空气打入承压设备内，进行设备的强度试验。气压试验比水压试验灵敏、迅速，但危险性较大。因此，气压试验必须具有可靠的安全措施才能进行。

在生产实践中，有下列三种情况之一者，才能采用气压试验：其一，承压设备的设计和结构都不便于充满液体；其二，承压设备的支承结构不能承受充满液体后的负荷；其三，承压设备内部放水后不容易干燥，而生产使用中又不允许剩有水分。有时，也可在设备中先加入部分液体，在液体上再加气压。

（3）气密性试验

气密性试验就是密封性试验。上述的水压试验和气压试验既可做设备的强度试验，也可试验设备的密封性能；而且，应使气密性试验尽可能与强度试验一并进行。若试验介质不同时，只能分别进行（先强度后密封性）；工作介质为液体时，可用水压试验；工作介质为气体时，试验介质用空气或惰性气体。

2.设备试运转

试运转是设备安装工程的最后施工阶段，是新建厂矿企业的基本建设转入正式生产的关键环节，是对设备系统能否配套投产、正常运转的检验和考核。试运转的目的是使所有生产工艺设备按照设计要求达到正常的安全运行；同时，还可以发现和消除设备的故障，改善不合理的工艺以及安装施工中的缺陷。

试运转的步骤是：

（1）由无负荷到负荷；

（2）由部件到组件，由组件到单机，由单机到机组；

（3）分系统进行，先主动系统，后从动系统；

（4）先低速，后逐级增至高速；

（5）先手控，后遥控运转，最后进行自控运转。

转动设备要先用人力缓慢盘车，然后点动数次，才正式开车（仅限于电动机传动的设备）；其他原动机（如汽轮机、内燃机）传动的设备不做点动试运转传动。设备的电动机应先脱开试车，检查转向是否符合被动设备的要求。在试运转中，应经常观察和检查各润滑系统工作是否正常，对所有温度、压力、流量、运转时间、动力消耗等数据要认真做好记录。对仪表应当在接近工艺条件下进行调校。

一般中小型单体设备，如机械加工设备，可只进行单机试车后即交付生产。对复杂的、大型的机组、生产作业线等，特别是化工、石油、冶金、化纤、电力等连续生产的企业，必须进行单机、联动、投料等试运转。

试运转一般可分为准备工作、单机试车、联动试车、投料试车和试生产四个阶段来进行。前一阶段是后一阶段试车的准备，后一阶段的试车必须在前阶段完成后才能进行。

试运转时，各操作闸刀未经允许不得随意"拉""合""按"。

各装置的试运转顺序，根据安装施工的情况而定，但一般是公用工程的各个项目先试车，然后再对产品生产系统的各个装置进行试车。

第四节 环境因素的管理

影响工程项目质量的环境因素较多，有工程技术环境，如工程地质、水文、气象等；工程管理环境，如质量保证体系、质量管理制度等；劳动环境，如劳动组合、劳动工具、工作面等。环境因素对工程质量的影响，具有复杂而多变的特点，如气象条件千变万化，温度、湿度、大风、暴雨、酷暑、严寒都直接影响工程质量；又如前一工序往往就是后一工序的环境，前一分项、分部工程也就是后一分项、分部工程的环境。因此，根据工程特点和具体条件，应对影响质量的环境因素采取有效的措施严加控制。如组织立体交叉作业时，一定要有可靠的安全防护措施，并要避免上层施工而污染或损坏下层装饰和结构；组织多工种施工时，一定要有严密的施工组织和足够的工作面，避免相互干扰而影响工程质量。

为了控制流沙和管涌冒沙，可采用人工降低地下水水位的方法。而人工降低水位方案与土的渗透系数 K 和降水深度 S 有关，其适用范围如下：

1. 轻型井点

适用于土的渗透系数 K=0.1 ~ 80m/d，根据所要求的降水位深度不同，当 S=3 ~ 6m 时，可用一级井点；当 S=6 ~ 9m 时，应用二级井点；当 $S > 9m$ 时，则只能采用三级或多级井点，这样也就不经济了。

2. 喷射井点

适用于土的渗透系数 K=0.1 ~ 60m/d，降水位深度 S 可大于 15m。所以，当考虑用多级井点降水位不经济时，则应采用喷射井点。

3. 管井井点

适用于土的渗透系数 K=20 ~ 200m/d，若用离心泵抽水，降水位深度 S=3 ~ 6m；用深井泵抽水，S 可大于 15m。因此，当地下水流量大，采用轻型井点不可能将水位降低时，宜采用管井井点。

4. 电渗井点

对于细颗粒的土或淤泥，由于渗透系数 $K < 0.1m/d$，用一般井点不可能降低水位，此时，只能采用电渗井点。

采用人工降水位方案时，还应在现场进行扬水试验，确定土的实际渗透系数 K 的值，以保证降水位可靠；同时，还须注意抽水影响半径，若附近的建筑物或构筑物位于抽水影响半径内，而基础又位于降水漏斗曲线之上，先要拟定临时保护措施，以免抽水时使附近建筑物、构筑物产生不均匀沉降，引起开裂、倾斜、倒塌事故。

综上所述，对环境因素的控制涉及范围较广，在拟定控制方案和措施时，必须全面考虑、综合分析，才能达到有效控制的目的。

此外，在冬季、雨季、风季、炎热季节施工中，还应针对工程的特点，尤其是对混凝土工程、土方工程、深基础工程、水下工程及高空作业等，必须拟定季节性施工保证质量和安全的有效措施，以免工程质量受到冻害、干裂、冲刷、坍塌的危害。同时，要不断改善施工现场的环境和作业环境；要加强对自然环境和文物的保护；要尽可能减少施工所产生的危害对环境的污染；要健全施工现场管理制度，合理布置，使施工现场秩序化、标准化、规范化，实现文明施工。

第五节　施工工序的质量管理

一、工序质量控制的概念

工程项目的施工过程，是由一系列相互关联、相互制约的工序所构成的，工序质量是基础，直接影响工程项目的整体质量。要控制工程项目施工过程的质量，首先必须控制工序的质量。

工序质量包含两方面的内容：一是工序活动条件的质量，二是工序活动效果的质量。工序质量控制的原理是：采用数理统计方法，通过对整道工序的一部分（子样）检验的数据，进行统计、分析，判断整道工序的质量是否稳定、正常；若不稳定，产生异常情况，必须及时采取对策和措施予以改善，从而实现对工序质量的控制。其控制步骤如下：

（一）实测

采用必要的检测工具和手段，对抽出的工序子样进行质量检验。

（二）分析

对检验所得的数据，通过直方图法、排列图法或管理图法等进行分析，了解这些数据所遵循的规律。

（三）判断

根据对数据分布规律分析的结果，如数据是否符合正态分布曲线，是否在上下控制线之间，是否在公差规定的范围内，是属于正常状态或异常状态，是偶然性因素引起的质量变异还是系统性因素引起的质量变异等，对整道工序的质量予以判断，从而确定该道工序是否达到质量标准。若出现异常情况，即可寻找原因，采取对策和措施加以预防，这样便可达到控制工序质量的目的。

二、工序质量控制的内容

进行工序质量控制时，应着重于以下四方面的工作：

（一）严格遵守工艺规程

施工工艺和操作规程，是进行施工操作的依据和法规，是确保工序质量的前提，任何人都必须严格执行，不得违反。

（二）主动控制工序活动条件的质量

工序活动条件包括的内容较多，主要是指影响质量的五大因素，即施工操作者、材料、施工机械设备、施工方法和施工环境。只要将这些因素切实有效地控制起来，使它们处于被控制状态，确保工序投入品的质量，避免系统性因素变异发生，就能保证每道工序质量正常、稳定。

（三）及时检验工序活动效果的质量

工序活动效果是评价工序质量是否符合标准的尺度。为此，必须加强质量检验工作，对质量状况进行综合统计与分析，及时掌握质量动态。一旦发现质量问题，立即研究处理，自始至终使工序活动效果的质量满足规范和标准的要求。

（四）设置工序质量控制点

控制点是指为了保证工序质量而需要进行控制的重点或关键部位或薄弱环节，以便在一定时期内、一定条件下进行强化管理，使工序处于良好的控制状态。

三、质量控制点的设置

质量控制点设置的原则，是根据工程的重要程度，即质量特性值对整个工程质量的影响程度来确定的。为此，在设置质量控制点时，首先要对施工的工程对象进行全面分析、比较，以明确质量控制点；然后进一步分析所设置的质量控制点在施工中可能出现的质量问题或造成质量隐患的原因，针对隐患的原因相应地提出对策、措施予以预防。

质量控制点涉及面较广，根据工程特点，视其重要性、复杂性、精确性、质量标准和要求，可能是结构复杂的某一工程项目，也可能是技术要求高、施工难度大的某一结构构件或分项、分部工程，也可能是影响质量关键的某一环节中的某一工序或若干工序。

总之，无论是操作、材料、机械设备、施工顺序、技术参数、自然条件、工程环境等，均可作为质量控制点来设置，关键是视其对质量特征影响的大小及危害程度而定。

（一）人的行为

某些工序或操作重点应控制人的行为，避免人的失误造成质量问题。如对高空作业、水下作业、危险作业、易燃易爆作业、重型构件吊装或动作复杂而快速运转的机械操作、精密度和操作要求高的工序、技术难度大的工序等，都应从人的生理缺陷、心理活动、技术能力、思想素质等方面对操作者进行全面考核。事前还必须反复交底，提醒注意事项，以免出现错误行为和违纪违章现象。

（二）物的状态

在某些工序或操作中，应以物的状态作为控制的重点。如加工精度与施工机具有关，计量不准与计量设备、仪表有关，也与立体交叉、多工种密集作业场所等有关。也就是说，根据不同工序的特点，有的应以控制机具设备为重点，有的应以防止失稳、倾覆、过热、腐蚀等危险源为重点，有的则应以作业场所作为控制的重点。

（三）材料的质量和性能

材料的质量和性能是直接影响工程质量的主要因素，尤其是某些工序，更应将材料的质量和性能作为控制的重点。如预应力筋加工，就要求钢筋匀质、弹性模量一致、含硫量和含磷量不能过大，以免产生热脆和冷脆；应尽量避免对焊接头，焊后要进行通电热处理；又如，石油沥青卷材，只能用石油沥青冷底子油和石油沥青胶铺贴，不能用焦油沥青冷底子油或焦油沥青胶铺贴，否则，就会影响质量。

（四）关键操作

如预应力筋张拉，在张拉程序为 0 ~ 1.05cm（持荷 2min）一次张拉中，要进行超张拉和持荷 2min。超张拉的目的，是减少混凝土弹性压缩和徐变，减少钢筋的松弛、孔道摩阻力、锚具变形等原因所引起的应力损失；持荷 2min 的目的，是加速钢筋松弛的早发展，减少钢筋松弛的应力损失。在操作中，如果不进行超张拉和持荷 2min，就不能可靠地建立预应力值；若张拉应力控制不准，过大或过小，亦不可能可靠地建立预应力值，这均会严重影响预应力的构件质量。

（五）施工顺序

有些工序或操作，必须严格控制相互之间的先后顺序。升板法施工的脱模，应先四角、后四边、再中央，即先同时开动四个角柱上的升板机，时间控制为 10s，升高 5 ~ 8mm 为止，然后按同样的方法依次开动四边边柱的升板机和中间柱子上的升板机，这样使板分开后，再调整升差，整体同步提升，否则，将会造成板的断裂；或者采取从一排开始，逐排提升的办法，即先开动第一排柱上的升板机，约 10s，升高 5 ~ 8mm 后，再依次开动第二、第三排柱上的升板机，以同样的方法使板分开后再整体同步提升。

（六）技术间隙

有些工序之间的技术间歇时间性很强，如不严格控制亦会影响质量。如分层浇筑混凝土，必须待下层混凝土未初凝时将上层混凝土浇完；卷材防水屋面，必须待找平层干燥后才能刷冷底子油，待冷底子油干燥后才能铺贴卷材；砖墙砌筑后，一定要有充分时间让墙体充分沉陷、稳定、干燥，然后才能抹灰，抹灰层干燥后才能喷白、刷浆等。

（七）技术参数

有些技术参数与质量密切相关，亦必须严格控制。如外加剂的掺量，混凝土的水灰比，沥青胶的耐热度，回填土、三合土的最佳含水量，灰缝的饱满度，防水混凝土的抗渗等级等，都将直接影响强度、密实度、抗渗性和耐冻性，亦应作为工序质量控制点。

（八）常见的质量通病

常见的质量通病，如渗水、漏水、起壳、起砂、裂缝等，都与工序操作有关，均应事先研究对策，提出预防措施。

（九）新工艺、新技术、新材料应用

当新工艺、新技术、新材料已通过鉴定、试验，但施工操作人员缺乏经验，又是初次进行施工时，也必须将其工序操作作为重点严加控制。

（十）质量不稳定、质量问题较多的工序

通过质量数据统计，表明质量波动、不合格率较高的工序，也应作为质量控制点设置。

（十一）特殊土地基和特种结构

对于湿陷性黄土、膨胀土、红黏土等特殊土地基的处理，以及大跨度结构、高耸结构等技术难度较大的施工环节和重要部位，更应特别控制。

（十二）施工工法

施工工法中对质量产生重大影响的问题，如升板法施工中提升差的控制问题、预防群柱失稳问题，液压滑模施工中支承杆失稳问题、混凝土被拉裂和坍塌问题、建筑物倾斜和扭转问题，大模板施工中模板的稳定和组装问题等，均是质量控制的重点。综上所述，质量控制点的设置是保证施工过程质量的有力措施，也是进行质量控制的重要手段。

四、质量控制点明细表

施工单位在工程施工前应根据前述对工序质量控制的要求，列出质量控制点明细表，表中详细地列出各质量控制点的名称或控制内容、检验程度及方法、质量要求等，提交监理工程师审查批准后，在此基础上实施质量预控。

五、工序质量的检验

工序质量的检验，也是对工序活动的效果进行评价。工序活动的效果，归根结底就是指通过每道工序所完成的工程项目质量或产品质量如何、是否符合质量标准。为此，工序质量检验工作的内容主要有下列几项：

（一）标准具体化

标准具体化就是把设计要求、技术标准、工艺操作规程等转换成具体、明确的质量要求，并在质量检验中正确执行这些技术法规。

（二）度量

度量是指对工程或产品的质量特性进行检测度量。其中包括检查人员的感观度量、机械器具的测量和仪表仪器的测试，以及化验与分析等。通过度量，提出工程或产品质量特征值的数据报告。

（三）比较

所谓比较，就是把度量出来的质量特征值同该工程或产品的质量技术标准进行比较，看其有何差异。

（四）判定

判定就是根据比较的结果来判断工程或产品的质量是否符合规程、标准的要求，并做出结论。判定要用事实、数据说话，防止主观、片面，真正做到以事实、数据为依据，以标准、规范为准绳。

（五）处理

处理是指根据判定的结果，对合格与优良的工程或产品的质量予以认证；对不合格者，要找原因，采取对策、措施予以调整、纠偏或返工。

（六）记录

记录要贯穿于整个质量检验的过程，就是把度量出来的质量特征值，完整、准确、及时地记录下来，以供统计、分析、判定、审核和备查用。

六、施工项目质量的预控

施工项目质量的预控，是事先对要进行施工的项目，分析其在施工中可能或最容易出现的质量问题，从而提出相应的对策，采取质量预控的措施予以预防。现举例说明如下。

（一）灌注桩质量预控

1. 可能出现的质量问题

缩颈、堵管、断桩、孔斜、钢筋笼上浮、沉渣超厚、混凝土强度达不到要求。

2. 质量预控措施

（1）择优选择桩基施工单位，采取跟班检查，做好施工记录；

（2）应于桩孔开钻前及开钻4h后，对钻机认真调平，以防孔斜超限；

（3）随时抽查混凝土原材料质量，配合比应试配，试压合格后方可用于工程中；

（4）要求每桩测定混凝土坍落度两次，每3～5m测一次混凝土灌注高度，混凝土坍落度不小于5～7cm；

（5）定期抽查施工单位的开孔通知单、浇筑通知单和施工记录；

（6）混凝土强度按《混凝土强度检验评定标准》规定的标准评定；

（7）掌握泥浆密度和灌注速度，防止管子上浮；

（8）出现缩颈、堵管现象时，随时进行处理；

（9）委托法定检测单位做桩基动荷载试验，会同设计单位对质量有问题的桩基采取补救措施。

（二）钢筋焊接质量预控

1. 可能出现的质量问题

（1）焊接接头偏心弯折；

（2）焊条规格长度不符合要求；

（3）焊缝长、宽、厚度不符合要求；

（4）气压焊锻粗面尺寸不符合规定；

（5）凹陷、裂纹、烧伤、咬边、气孔、夹渣等；

（6）焊条型号不符合要求。

2. 质量预控措施

（1）检查焊工有无合格证，禁止无证上岗。

（2）焊工正式施焊前，必须按规定进行焊接工艺试验。

（3）每批钢筋焊接完后，应进行自检，并按规定取样进行机械性能试验。专职检查人员还须在自检的基础上对焊接质量进行抽查，对质量有怀疑时，应抽样复查其机械性能。

（4）气压焊应用时间不长，缺乏经验的焊工应先进行培训。

（5）检查焊缝质量时，应同时检查焊条型号。

（三）模板质量预控

1. 可能出现的质量问题

（1）轴线、标高偏差；

（2）模板断面、尺寸偏差；

（3）模板刚度不够、支撑不牢或沉陷；

（4）预留孔中心线位移、尺寸不准；

（5）预埋件中心线位移。

2. 质量预控措施

（1）绘制关键性轴线控制图，每层复查轴线标高一次，垂直度以经纬仪检查控制；

（2）绘制预留、预埋图，在自检基础上进行抽查，看预留、预埋是否符合要求；

（3）回填土分层夯实，支撑下面应根据荷载大小进行地基验算、加设垫块；

（4）重要模板要经设计计算，保证有足够的强度和刚度；

（5）模板尺寸偏差按规范要求检查验收。

第六节　成品保护

加强成品保护，首先要教育全体职工树立质量观念，对国家、对人民负责，自觉爱护公物，尊重他人和自己的劳动成果，施工操作时要珍惜已完成的和部分完成的成品。其次，要合理安排施工顺序，采取行之有效的成品保护措施。

一、施工顺序与成品保护

合理地安排施工顺序，按正确的施工流程组织施工，是进行成品保护的有效途径之一。例如：

1. 遵循"先地下后地上""先深后浅"的施工顺序，就不至于破坏地下管网和道路路面。

2. 地下管道与基础工程相配合施工，可避免基础完工后再打洞挖槽安装管道，影响质量和进度。

3. 先在房心回填土后再做基础防潮层，则可保护防潮层不致受填土夯实损伤。

4. 装饰工程采取自上而下的流水顺序，可以使房屋主体工程完成后，有一定沉降期；已做好的屋面防水层，可防止雨水渗漏。这些都有利于保护装饰工程质量。

5. 先做地面，后做顶棚、墙面抹灰，可以保护下层顶棚、墙面抹灰不致受渗水污染；

但在已做好的地面施工，须对地面加以保护。若先做顶棚、墙面抹灰，后做地面，则要求楼板灌缝密实，以免漏水污染墙面。

6. 楼梯间和踏步饰面，宜在整个饰面工程完成后，再自上而下地进行；门窗扇的安装通常在抹灰后进行；一般先油漆，后安装玻璃。这些施工顺序，均有利于成品保护。

7. 当采用单排外脚手砌墙时，由于砖墙上面有脚手洞眼，故一般情况下内墙抹灰须待同一层外墙粉刷完成、脚手架拆除、洞眼填补后才能进行，以免影响内墙抹灰的质量。

8. 先喷浆而后安装灯具，可避免安装灯具后又修理浆活，从而污染灯具。

9. 当铺贴连续多跨的卷材防水屋面时，应按先高跨后低跨，先远后近，先天窗油漆、玻璃后铺贴卷材屋面的顺序进行。这样可避免在铺好的卷材屋面上行走和堆放材料、工具等物，有利于保护屋面的质量。

以上示例说明，只要合理安排施工顺序，便可有效地保护成品的质量，也可有效地防止后道工序损伤或污染前道工序。

二、成品保护的措施

成品保护主要有护、包、盖、封四种措施。

1. 护

护就是提前保护，以防止成品可能发生的损伤或污染。如为了防止清水墙面污染，在脚手架、安全网横杆、进料口四周以及邻近水刷石墙面上，提前钉上塑料布或纸板；清水墙楼梯踏步采用护棱角铁上下连通固定；门口在推车易碰部位、在小车轴的高度钉上防护条或槽形盖铁；进出口台阶应垫砖或方木，搭脚手板过人；外檐水刷石大角或柱子要立板固定保护；门扇安好后要加楔固定等。

2. 包

包就是进行包裹，以防止成品被损伤或污染。如大理石或高级水磨石块柱子贴好后，应用立板包裹捆扎；楼梯扶手易污染变色，油漆前应裹纸保护；铝合金门窗应用塑料布包扎；炉片、管道污染后不好清理，应包纸保护；电气开关、插座、灯具等设备也应包裹，防止喷浆时污染等。

3. 盖

盖就是表面覆盖，防止堵塞、损伤。如预制水磨石、大理石楼梯应用木板、加气板等覆盖，以防操作人员踩踏和物体磕碰；水泥地面、现浇或预制水磨石地面，应铺干锯末保护；高级水磨石地面或大理石地面，应用苫布或棉毡覆盖；落水口、排水管安好后要加覆盖，以防堵塞；散水交活后，为保水养护并防止磕碰，可盖一层土或沙子；其他需要防晒、防冻、保温养护的项目，也要采取适当的覆盖措施。

4. 封

封就是局部封闭，如预制水磨石楼梯、水泥抹面楼梯施工后，应将楼梯口暂时封闭，待达到上人强度并采取保护措施后再开放；室内塑料墙纸、木地板油漆完成后，均应立即锁门；屋面防水做完后，应封闭上屋面的楼梯门或出入口；室内抹灰或浆活交活后，为调节室内温湿度，应有专人开关外窗等。

  总之，在工程项目施工中，必须充分重视成品保护工作。道理很简单，哪怕生产出来的产品是优质品、上等品，若保护不好，遭受损伤或污染，也会成为次品、废品、不合格品。所以，成品保护，除合理安排施工顺序，采取有效的对策、措施外，还必须加强对成品保护工作的检查。

第三章　地基与基础工程施工质量管理 ■

第一节　土方工程

一、土方开挖

（一）土方工程施工前的准备工作

土方工程施工前的准备工作是一项非常重要的基础性工作，准备工作充分与否，对土方工程施工能否顺利进行起着决定性作用。土方工程施工前的准备工作概括起来主要包括以下几方面：

1. 场地清理

场地清理包括清理地面及地下各种障碍。在施工前应拆除旧建筑；拆迁或改建通信、电力设备，上、下水道以及地下建（构）筑物；迁移树木并去除耕植土及河塘淤泥等。此项工作由业主委托有资质的拆卸公司或建筑施工公司完成，发生费用由业主承担。

2. 排除地面水

场地内低洼地区的积水必须排除，同时应注意雨水的排除，使场地保持干燥，以利土方施工。地面水的排除一般采用排水沟、截水沟、挡水土坝等措施。

3. 修筑临时设施

修筑好临时道路及供水、供电等临时设施，做好材料、机具及土方机械的进场工作。

4. 定位放线

土方开挖施工时，应按建筑施工图和测量控制网进行测量放线，开挖前应按设计平面图，认真检查建筑物或构筑物的定位桩或轴线控制桩；按基础平面图和放坡宽度，对基坑的灰线进行轴线和几何尺寸的复核，并认真核查工程的朝向、方位是否符合图样内容；办理工程定位测量记录、基槽验线记录。

（二）土方开挖过程中的质量控制

1. 在土方开挖前应检查定位放线、排水和降低地下水位系统，合理安排土方运输车的行走路线和弃土场。

2. 施工过程中应检查平面位置、水平标高、边坡坡度、压实度以及排水和降低地下水位系统，并随时观测周围的环境变化。

3. 临时性挖方的边坡值应符合规定。

4. 当土方工程挖方较深时，施工单位应采取措施，防止基坑底部土的隆起并避免危害周围环境。

5. 在挖方前，应做好地面排水和降低地下水位工作。

6. 为了使建（构）筑物有一个比较均匀的下沉，对地基应进行严格的检验，与地质勘察报告进行核对，检查地基勘察报告、设计图纸是否相符，有无破坏原状土的结构或发生较大的扰动现象。

二、土方回填

（一）土方回填工程质量控制

1. 材料质量要求

（1）土料

填方土料应符合设计要求，保证填方的强度和稳定性。填方土料宜采用就地挖出的黏性土及塑性指数大于4的粉土，土内不得含有松软杂质和耕植土；土料应过筛，其颗粒不应大于15mm；回填土含水量要符合压实要求。若土过湿，要进行晾晒或掺入干土、白灰等处理；若土含水量偏低，可适当洒水湿润。

（2）石屑

石屑中应不含有机质，最大颗粒不大于50mm，碾压前宜充分洒水湿透，以提高压实效果。填料为爆破石渣时，应通过碾压试验确定含水量的控制范围。

2. 施工过程质量控制

（1）土方回填前应清除基底的垃圾、树根等杂物，基底有积水、淤泥时应将其抽除。

（2）查验回填土方的土质及含水量是否符合要求，填方土料应按设计要求验收后方可填入。

（3）土方回填过程中，填筑厚度及压实遍数应根据土质、压实系数及所用机具确定。

（4）基坑（槽）回填时应在相对两侧或四周同时进行回填和夯实。

（二）土方回填质量检验

1. 土方回填前应清除基底的垃圾、树根等杂物，抽除坑穴积水、淤泥，验收基底标高。如在耕植土或松土上填方，应在基底压实后再进行。

2. 对填方土料应按设计要求验收后方可填入。

3. 填方施工过程中应检查排水措施，每层填筑厚度、含水量控制、压实程度。填筑厚度及压实遍数应根据土质、压实系数及所用机具确定。

4. 填方施工结束后，应检查标高、边坡坡度、压实程度等，检验标准应符合规定。

（三）工程质量通病及防治措施

1. 填方基底处理不当

（1）质量通病

填方基底未经处理，局部或大面积填方出现下陷，或发生滑移等现象。

（2）防治措施

①回填土方基底上的草皮、淤泥、杂物应清除干净，积水应排除，耕土、松土应先夯实处理，然后回填。

②填土场地周围做好排水措施，防止地表滞水流入基底而浸泡地基，造成基底土下陷。

③对于水田、沟渠、池塘或含水量很大的地段回填，基底应根据具体情况采取排水、挖去淤泥、换土、抛填片石、填砂砾石、翻松、掺石灰压实等处理措施，以加固基底土体。

④当填方地面陡于 1/5 时，应先将斜坡挖成阶梯形，阶高 0.2 ~ 0.3m，阶宽大于 1m，然后分层回填夯实，以利于合并防止滑动。

⑤冬季施工基底土体受冻易胀，应先解冻，夯实处理后再进行回填。

2. 基坑（槽）回填土沉陷

（1）质量通病

基坑（槽）回填土局部或大片出现沉陷，造成靠墙地面、室外散水空鼓、下陷，建筑物基础积水，有的甚至引起建筑结构不均匀下沉，而出现裂缝。

（2）防治措施

①基坑（槽）回填前，应将槽中积水排净，将淤泥、松土、杂物清理干净，如有地下水或地表滞水，应有排水措施。

②回填土采取分层回填、夯实。每层虚铺土厚度不得大于 300mm。土料和含水量应符合规定。回填土密实度要按规定抽样检查，使其符合要求。

③填土土料中不得含有直径大于 50mm 的土块，不应有较多的干土块，急需进行下一道工序时，宜用 2∶8 或 3∶7 灰土回填夯实。

④如地基下沉严重并继续发展，应将基槽透水性大的回填土挖除，重新用黏土或粉质黏土等透水性较小的土回填夯实，或用 2∶8 或 3∶7 灰土回填夯实。

⑤如下沉较小并已稳定，可填灰土或黏土、碎石混合物夯实。

3. 基础墙体被挤动变形

（1）质量通病

夯填基础墙两侧土方或用推土机送土时，将基础、墙体挤动变形，造成了基础墙体裂缝、破裂，轴线偏移，严重影响了墙体的受力性能。

（2）防治措施

①基础两侧用细土同时分层回填夯实，使受力平衡。两侧填土高差不超过 300mm。

②如果暖气沟或室内外回填标高相差较大，回填土时可在另一侧临时加木支撑顶牢。

③基础墙体施工完毕，达到一定强度后再进行回填土施工。同时避免在单侧临时大量堆土、材料或设备，以及行走重型机械设备。

④对已造成基础墙体开裂、变形、轴线偏移等严重影响结构受力性能的质量事故，要会同设计部门，根据具体损坏情况，采取加固措施（如填塞缝隙、加围套等），或将基础墙体局部或大部分拆除重砌。

4. 回填土质不符合要求，密实度差

（1）质量通病

基坑（槽）填土出现明显沉陷和不均匀沉陷，导致室内地坪开裂及室外散水坡裂断、空鼓、下陷。

（2）防治措施

①填土前，应清除沟槽内的积水和有机杂物。当有地下水时，应采用相应的排水和降低地下水位的措施。

②基槽回填顺序，应按基底排水方向由高至低分层进行。

③回填土料质量应符合设计要求和施工规范的规定。

④回填应分层进行，并逐层夯压密实。每层铺填厚度和压实要求应符合施工及验收规范的规定。

第二节　地基与基础处理工程

地基是指基础下面承受建筑物全部荷载的土层，其关键指标是地基每平方米能够承受基础传递下来的荷载的能力，称为地基承载力。地基分为天然地基和人工地基，天然地基是指不经过人工处理能直接承受房屋荷载的地基；人工地基是指由于土层较软弱或较复杂，必须经过人工处理，使其提高承载力，才能承受房屋荷载的地基。

任何建（构）筑物都必须有可靠的地基和基础。建筑物的全部重量（包括各种荷载）最终将通过基础传给地基，所以，对某些地基的处理及加固就成为基础工程施工中的一项重要内容。

一、灰土地基、砂和砂石地基

（一）灰土地基、砂和砂石地基工程质量控制

1. 材料质量要求

（1）土料

优先采用就地挖出的黏土及塑性指数大于 4 的粉土。土内不得含有块状黏土、松软杂质等；土料应过筛，其颗粒不应大于 15mm，含水量应控制在最优含水量的 ±2% 范围内。严禁采用冻土、膨胀土和盐渍土等活动性较强的土料及地表耕植土。

（2）石灰

应用Ⅲ级以上新鲜的块灰，氧化钙、氧化镁含量越高越好，使用前消解并过筛，其颗粒不得大于 5mm，并不得夹有未熟化的生石灰块及其他杂质或有过多的水分。

（3）灰土

石灰、土过筛后，应按设计要求严格控制配合比。灰土拌和应均匀一致，至少应翻 2～3 次，达到颜色一致。

（4）水泥

选用强度为 42.5 级普通硅酸盐水泥或硅酸盐水泥，其稳定性和强度应经复试合格。

（5）砂及砂石

采用中砂、粗砂、碎石、卵石、砾石等材料，所有的材料内不得含有草根、垃圾等有机杂质，碎石或卵石的最大粒径不宜大于 50mm。

2. 施工过程质量控制

（1）验槽，将基坑（槽）内的积水、淤泥清除干净，合格后方可铺设。

（2）灰土配合比应符合设计规定，一般采用石灰与土的体积比为 3∶7 或 2∶8。

（3）分段施工时，不得在转角、柱墩及承重窗间隔下面接缝。接头处应做成斜坡，每层错开 0.5～1m，并充分捣实。

（4）灰土的干密度或贯入度，应分层进行检验，检验结果必须符合设计要求。

（5）施工过程中应严格控制分层铺设的厚度，并检查分段施工时上下两层的搭接长度、夯压遍数、压实参数。

（6）一层当天夯（压）不完须隔日施工留槎时，在留槎处保留 300～500mm，虚铺灰土不夯（压），待次日接槎时与新铺灰土拌和重铺后再进行夯（压）。

（7）须分段施工的灰土地基，留槎位置应避开墙角、柱基及承重的窗间墙位置。上下两层灰土的接缝间距不得小于 500mm，接槎时应沿槎垂直切齐，接缝处的灰土应充分夯实。

（8）灰土基层有高低差时，台阶上下层间压槎宽度应不小于灰土地基厚度。

（9）最优含水量可通过击实试验确定。一般为 14%～18%，以"手握成团、落地开花"

为好。

（10）夯打（压）遍数应根据设计要求的干土密度和现场试验确定，一般不少于三遍。

（11）用蛙式打夯机夯打灰土时，要求是后行压前行的半行，循序渐进。用压路机碾压灰土，应使后遍轮压前遍轮印的半轮，循序渐进。用木夯或石夯进行人工夯打灰土，举夯高度不应小于600mm（夯底高过膝盖），夯打程序分四步：夯倚夯，行倚行；夯打夯间，一夯压半夯；夯打行间，一行压半行；行间打夯，仍应一夯压半夯。

（12）灰土回填每层夯（压）实后，应根据规范进行环刀取样，测出灰土的质量密度，达到设计要求时，才能进行上一层灰土的铺摊。压实系数采用环刀法取土检验，压实质量应符合设计要求，压实标准一般取0.95。

（二）灰土地基、砂和砂石地基质量检验

1.灰土地基

（1）灰土土料、石灰或水泥（当水泥替代灰土中的石灰时）等材料及配合比应符合设计要求，灰土应搅拌均匀。

（2）施工过程中应检查分层铺设的厚度、分段施工时上下两层的搭接长度、夯实时加水量、夯实遍数、压实系数。

（3）施工结束后，应检验灰土地基的承载力。

2.砂和砂石地基

（1）砂、石等原材料质量、配合比应符合设计要求，砂、石应搅拌均匀。

（2）施工过程中必须检查分层厚度、分段施工时搭接部分的压实情况、加水量、压实遍数、压实系数。

（3）施工结束后，应检验砂、石地基的承载力。

（三）工程质量通病及防治措施

1.灰土地基接槎处理不正确

（1）质量通病

接槎位置不正确，接槎处灰土松散不密实；未分层留槎，接槎位置不符合规范要求；上下两层接槎未错开500mm以上，并做成直槎，导致接槎处强度降低，出现不均匀沉降，使上部建筑开裂。

（2）防治措施

接槎位置应按规范规定位置留设；分段施工时，不得留在墙角、桩基及承重窗间墙下接缝，上下两层的接缝距离不得小于500mm，接缝处应夯压密实，并做成直槎；当灰土地基高度不同时，应做成阶梯形，每阶宽不少于500mm；同时注意接槎质量，每层虚土应从留缝处往前延伸500mm，夯实时应夯过接缝300mm以上。

2. 地基密实度达不到要求

灰土地基中，由于所使用的材料不纯，砂土地基中所使用的砂、石中含有草根、垃圾等杂质，分层虚铺土的厚度过大，未能根据所采用的夯实机具控制虚铺厚度而造成地基密实度达不到要求。因此，施工中应根据造成密实度不够的原因采取相应的预防和处理措施。

3. 砂和砂石地基用砂石级配不匀

（1）质量通病

人工级配砂石地基中的配合比例是通过试验确定的，如不拌和均匀铺设，将使地基中存在不同比例的砂石料，甚至出现砂窝或石子窝，使密实度达不到要求，降低地基承载力，在荷载作用下产生不均匀沉陷。

（2）防治措施

人工级配砂石料必须按体积比或质量比准确计量，用人工或机械拌和均匀，分层铺填夯压密实；不符合要求的部位应挖出，重新拌和均匀，再按要求铺填夯压密实。

4. 虚铺土层厚度不均，接槎位置不正确

当灰土、砂和砂石地基基础分层、分段施工时，留槎的形状、位置、尺寸及接槎方法不符合要求。施工过程中应分析造成缺陷的具体原因，并根据缺陷原因采取相应的预防和处理措施。

二、水泥土搅拌桩地基

（一）水泥土搅拌桩地基工程质量控制

1. 材料质量要求

（1）水泥

宜采用强度为 42.5 级的普通硅酸盐水泥。水泥进场时，应检查产品标签、生产厂家、产品批号、生产日期等，并按批量、批号取样送检。

（2）外渗剂

减水剂选用木质素磺酸钙，早强剂选用三乙醇胺、氯化钙、碳酸钠或二水玻璃等材料，掺入量通过试验确定。

2. 施工过程质量控制

（1）检查水泥外渗剂和土体是否符合要求，调整好搅拌机、灰浆泵、拌浆机等设备。

（2）施工现场应事先平整，必须清除地上、地下一切障碍物。潮湿和场地低洼时应抽水和清淤，分层夯实回填黏性土料，不得回填杂填土或生活垃圾。

（3）作为承重水泥土搅拌桩施工时，设计停浆（灰）面应高出基础底面标高 300～500mm（基础埋深大取小值，反之取大值）。在开挖基坑时，应将该施工质量较

差段用手工挖除，以防止发生桩顶与挖土机械碰撞断裂现象。

（4）为保证水泥土搅拌桩的垂直度，要注意起吊搅拌设备的平整度和导向架的垂直度。水泥土搅拌桩的垂直度控制在 1%~5% 范围内，桩位布置偏差不得大于 50mm，桩径偏差不得大于 4%d（d 为桩径）。

（5）预搅下沉时不宜冲水，当遇到较硬石层下沉太慢时，方可适当冲水，但应用缩小浆液水灰比或增加掺入浆液等方法来弥补冲水对桩身强度的影响。

（6）水泥土搅拌桩施工过程中，为确保搅拌充分、桩体质量均匀，搅拌机头提速不宜过快，否则会使搅拌桩体局部水泥量不足或水泥不能均匀地拌和在土中，导致桩体强度不一。

（7）施工时因故停浆，应将搅拌头下沉至停浆点以下 0.5m 处，待恢复供浆时再喷浆提升。若停机 3h 以上，应拆卸输浆管路，清洗干净，防止恢复施工时堵管。

（8）壁状加固时桩与桩的搭接长度宜为 200mm，搭接时间不大于 24h。如出于特殊原因超过 24h 时，应对最后一根桩先进行空钻留出榫头以待下一个桩搭接；如间隔时间过长，与下一根桩无法搭接时，应在设计和业主方认可后采取局部补桩或注浆措施。

（9）拌浆、输浆、搅拌等均应有专人记录。桩深记录误差不得大于 100mm，时间记录误差不得大于 5s。

（10）施工结束后，应检查桩体强度、桩体直径及地基承载力。

进行强度检验时，对承重水泥土搅拌桩应取 90d 后的试件，对支护水泥土搅拌桩应取 28d 后的试件。强度检验取 90d 后的试样是根据水泥土的特性而定，如工程需要（如作为围护结构用的水泥土搅拌桩），可根据设计要求以 28d 强度为准。由于水泥土搅拌桩施工的影响因素较多，故检查数量略多于一般桩基。

（二）水泥土搅拌桩地基质量检验

1. 施工前应检查水泥及外掺剂的质量、桩位、搅拌机工作性能及各种计量设备完好程度（主要是水泥浆流量计及其他计量装置）。
2. 施工中应检查机头提升速度、水泥浆或水泥注入量、搅拌桩的长度及标高。
3. 施工结束后，应检查桩体强度、桩体直径及地基承载力。
4. 进行强度检验时，对承重水泥土搅拌桩应取 90d 后的试件，对支护水泥土搅拌桩应取 28d 后的试件。

（三）工程质量通病及防治措施

1. 搅拌不均匀

质量通病：搅拌机械、注浆机械中途发生故障，造成注浆不连续，供水不均匀，使软黏土被扰动，无水泥浆拌和，造成桩体强度降低。

防治措施如下：

（1）施工前应对搅拌机械、注浆设备、制浆设备等进行检查维修，使其处于正常状态。

（2）灰浆拌和机搅拌时间一般不少于 2min，增加拌和次数，保证拌和均匀，勿使浆液沉淀。

（3）提高搅拌转数，降低钻进速度，边搅拌，边提升，提高拌和均匀性。

（4）拌制固化剂时不得任意加水，以防改变水灰比（水泥浆），降低拌和强度。

2. 桩体直径偏小

（1）质量通病

在施工操作时对桩位控制不严，使桩径和垂直度产生较大偏差，出现不合格桩。

（2）防治措施

施工中应严格控制桩位，使其偏差控制在允许范围内。当出现不合格桩时，应采取补桩或加强邻桩的措施。

三、水泥粉煤灰碎石桩复合地基

（一）水泥粉煤灰碎石桩复合地基工程质量控制

1. 材料质量要求

（1）水泥

应选用强度为 42.5 级及以上普通硅酸盐水泥，材料进入现场时，应检查产品标签、生产厂家、产品批号、生产日期、有效期限等。并取样送检，检验合格后方可使用。

（2）粉煤灰

若用振动沉管灌注成桩和长螺旋钻孔灌注成桩施工时，粉煤灰可选用粗灰；当用长螺旋钻孔管内泵压混合料灌注成桩时，为增加混合料的和易性和可泵性，宜选用细度（0.045mm 方孔筛筛余百分比）不大于 45% 的Ⅲ级或Ⅲ级以上等级的粉煤灰。

（3）砂或石屑

中、粗砂粒径以 0.5 ～ 1mm 为宜，石屑粒径以 25 ～ 10mm 为宜，含泥量不大于 5%。

（4）碎石

质地坚硬，粒径范围为 16 ～ 315mm，含泥量不大于 5%，且不得含泥块。

2. 施工过程质量控制

（1）一般选用钻孔或振动沉管成桩法和锤击沉管成桩法施工。

（2）施工前应进行成桩工艺和成桩质量试验，确定配合比、提管速度、夯填度、振动器振动时间、电动机工作电流等施工参数，以保证桩身连续和密度均匀。

（3）施工中应选用适宜的桩尖结构，保证顺利出料和有效地挤压桩孔内水泥粉煤灰碎石料。

（4）提拔钻杆（或套管）的速度必须与泵入混合料的速度相匹配，遇到饱和砂土和饱和粉土不得停机待料，否则容易出现缩颈或断桩或爆管的现象。长螺旋钻孔，管内压混合料成桩施工时，当混凝土泵停止泵灰后应降低拔管速度，而且不同土层中提拔的速度不一样，砂性土、砂质黏土、黏土中提拔的速度为 12～15m/min，在淤泥质土中应当放慢。

（5）桩顶标高应高出设计标高 0.5m。

（6）选用沉管法成桩时，要特别注意新施工桩对已制成桩的影响，避免侧向土体挤压发生桩身破坏。

（7）冬季施工时混合料入孔温度不得低于 5℃，对桩头和桩间土应采取保温措施。

（二）水泥粉煤灰碎石桩复合地基质量检验

水泥粉煤灰碎石桩复合地基质量检验要求如下：

1. 水泥、粉煤灰、砂及碎石等原材料应符合设计要求。

2. 施工中应检查桩身混合料的配合比、坍落度和提拔钻杆速度（或提拔套管速度）、成孔深度、混合料灌入量等。

3. 施工结束后，应对桩体质量及复合地基承载力做检验，褥垫层应检查其夯填度。

第三节　桩基工程

一、钢筋混凝土预制桩

钢筋混凝土预制桩是指在地面预先制作成形并通过锤击或静压的方法沉至设计标高而形成的桩。

（一）钢筋混凝土预制桩工程质量控制

1. 材料质量要求

（1）粗集料

应采用质地坚硬的卵石、碎石，其粒径宜用 5～40mm 连续级配，含泥量不大于 2%，无垃圾及杂物。

（2）细集料

应选用质地坚硬的中砂，含泥量不大于 3%，无有机物、垃圾、泥块等杂物。

（3）水泥

宜用强度等级为 42.5 级的普通硅酸盐水泥或硅酸盐水泥，使用前必须有出厂质量证明书和水泥现场取样复试试验报告，合格后方准使用。

（4）钢筋

应具有出厂质量证明书和钢筋现场取样复试试验报告，合格后方准使用。

（5）拌和用水

一般饮用水或洁净的自然水。

（6）混凝土配合比

用现场材料，按设计要求强度和经实验室试配后出具的混凝土配合比进行配合。

2. 成品桩质量要求

（1）钢筋骨架的质量要求及检验方法应符合相关规定。

（2）采用工厂生产的成品桩时，桩进场后应进行外观及尺寸检查，要有产品合格证书。

（二）施工过程质量控制

1. 预制桩钢筋骨架质量控制

（1）桩主筋可采用对焊或电弧焊，同一截面的主筋接头不得超过 50%，相邻主筋接头截面的距离应大于 35d（d 为主筋直径）且不小于 500mm。

（2）为了防止桩顶击碎，桩顶钢筋网片位置要严格控制按图施工，并采取措施使网片位置固定正确、牢固。保证混凝土浇筑时不移位；浇筑预制桩混凝土时，从柱顶开始浇筑，要保证柱顶和桩尖不积聚过多的砂浆。

（3）为防止锤击时桩身出现纵向裂缝，导致桩身击碎，被迫停锤，预制桩钢筋骨架中主筋距桩顶的距离必须严格控制，决不允许出现主筋距桩顶面过近甚至触及桩顶的质量问题。

（4）预制桩分段长度的确定，应在掌握地层土质的情况下，决定分段桩长度时要避免桩尖接近硬持力层或桩尖处于硬持力层中接桩，防止桩尖停在硬层内接桩，电焊接桩应抓紧时间，以免耗时长，桩摩阻得到恢复，使桩下沉产生困难。

2. 混凝土预制桩的起吊、运输和堆存质量控制

（1）预制桩达到设计强度 70% 方可起吊，达到 100% 才能运输。

（2）桩水平运输，应用运输车辆，严禁在场地上直接拖拉桩身。

（3）垫木和吊点应保持在同一横断面上，且各层垫木上下对齐，防止垫木参差不齐而桩被剪切断裂。

（4）根据许多工程的实践经验，凡龄期和强度都达到的预制桩，才能顺利打入土中，很少打裂。沉桩应做到强度和龄期双控制。

3. 混凝土预制桩接桩施工质量控制

（1）硫黄胶泥锚接法仅适用于软土层，管理和操作要求较严；一级建筑桩基或承受

拔力的桩应慎用。

（2）焊接接桩材料：钢板宜用低碳钢，焊条宜用 E43；焊条使用前必须经过烘焙，降低烧焊时含氢量，防止焊缝产生气孔而降低其强度和韧性；焊条烘焙应有记录。

（3）焊接接桩时，应先将四角点焊固定，焊接必须对称进行以保证设计尺寸正确，使上下节桩对正。

4. 混凝土预制桩沉桩质量控制

（1）沉桩顺序是打桩施工方案的一项十分重要的内容，必须正确选择，避免桩位偏移、上拔、地面隆起过多、邻近建筑物破坏等事故发生。

（2）沉桩中停止锤击应根据桩的受力情况确定，摩擦型桩以标高为主、贯入度为辅，而端承型桩应以贯入度为主、标高为辅，并进行综合考虑，当两者差异较大时，应会同各参与方进行研究，共同确定停止锤击桩标准。

（3）为避免或减少沉桩挤土效应和对邻近建筑物、地下管线的影响，在施打大面积密集桩群时，有采取预钻孔，设置袋装砂井或塑料排水板，消除部分超孔隙水压力以减少挤土现象，设置隔离板桩或地下连续墙、开挖地面防震沟以消除部分地面震动等辅助措施。无论采取一种或多种措施，在沉桩前都应对周围建筑、管线进行原始状态观测数据记录，在沉桩过程应加强观测和监护，每天在监测数据的指导下进行沉桩，做到有备无患。

（4）插桩是保证桩位正确和桩身垂直度的重要开端，插桩应控制桩的垂直度，并应逐桩记录，以备核对查验，避免打偏。

（三）钢筋混凝土预制桩质量检验

1. 桩在现场预制时，应对原材料、钢筋骨架、混凝土强度进行检查；采用工厂生产的成品桩时，桩进场后应进行外观及尺寸检查。

2. 施工中应对桩体垂直度、沉桩情况、桩顶完整状况、接桩质量等进行检查，对电焊接桩，重要工程应做 10% 的焊缝探伤检查。

3. 施工结束后，应对承载力及桩体质量做检验。

4. 对长桩或总锤击数超过 500 击的锤击桩，应符合桩体强度及 28d 龄期的两项条件才能锤击。

5. 钢筋混凝土预制桩的质量检验标准应符合规定。

（四）工程质量通病及防治措施

1. 桩顶加强钢筋网片互相重叠或距桩顶距离大

（1）质量通病

桩顶钢筋网片重叠在一起或距桩顶距离超过设计要求，易使网片间和桩顶部混凝土击碎，露出钢筋骨架，无法继续打桩。

（2）防治措施

桩顶网片用电焊与主筋焊连，防止振捣时位移。

2. 桩顶钢筋骨架主筋布置不符合要求

（1）质量通病

混凝土预制桩钢筋骨架的主筋离桩顶距离过小或触及桩顶。锤击沉桩或压桩时，压力直接传至主筋，桩身出现纵向裂缝。

（2）防治措施

主筋距桩顶距离按设计图施工，主筋长度按负偏差 -10mm 执行，不准出现正偏差。

3. 桩顶位移或桩身上浮、涌起

（1）质量通病

在沉桩过程中，相邻的桩产生横向位移或桩身上涌，影响和降低桩的承载力。

（2）防治措施

①沉桩两个方向吊线坠检查垂直度；桩不正以及桩尖不在桩纵轴线上时不宜使用，一节桩的细长比不宜超过 40。

②应注意打桩顺序，同时避免打桩期间同时开挖基坑，一般宜间隔 414d（d 为桩直径），以消除孔隙压力，避免桩位移或涌起。

③位移过大，应拔出，移位再打；位移不大，可用木架顶正，再慢锤打入；障碍物埋设不深，可挖出回填后再打；上浮、涌起量大的桩应重新打入。

4. 接桩处松脱开裂、接长桩脱桩

（1）质量通病

接桩处经过锤击后，出现松脱开裂等现象；长桩打入施工完毕检查完整性时，发现有的桩出现脱节现象（拉开或错位），降低和影响桩的承载能力。

（2）防治措施

①连接处的表面应清理干净，不得留有杂质、雨水和油污等。

②采用焊接或法兰连接时，连接铁件及法兰表面应平整，不能有较大间隙，否则极易造成焊接不牢或螺栓拧不紧。

③采用硫黄胶泥接桩时，硫黄胶泥配合比应符合设计规定，严格按操作规程熬制，温度控制要适当等。

④上下节桩双向校正后，其间隙用薄铁板填实焊牢，所有焊缝要连续饱满，按焊接质量要求操作。

⑤对因接头质量引起的脱桩，若未出现错位情况，属有修复可能的缺陷桩。当成桩完成，土体扰动现象消除后，采用复打方式，可弥补缺陷，恢复功能。

⑥对遇到复杂地质情况的工程，为避免出现桩基质量问题，可改变接头方式，如用钢套方法，接头部位设置抗剪键，插入后焊死，可有效防止脱开。

二、钢筋混凝土灌注桩

（一）钢筋混凝土灌注桩

1. 材料质量要求

（1）粗集料

选用质地坚硬的卵石或碎石，卵石粒径≤50mm，碎石≤40mm，含泥量≤2%，无杂质。

（2）细集料

应选用质地坚硬的中砂，含泥量不大于3%，无有机物、垃圾、泥块等杂物。

（3）水泥

宜用强度为42.5级的普通硅酸盐水泥或硅酸盐水泥，见证复试合格后方准使用，严禁用快硬水泥浇筑水下混凝土。

（4）钢筋

应有出厂合格证，见证复试合格后方准使用。

（5）拌和用水

一般饮用水或洁净的自然水。

（6）混凝土配合比

依据现场材料和设计要求强度，采用经实验室试配后出具的混凝土配合比。

2. 施工过程质量控制

混凝土灌注桩的质量检验应较其他桩种严格，这是工艺本身的要求，由其引发的工程事故也较多，因此，对监测手段要事先落实。

（1）施工前，施工单位应根据工程具体情况编制专项施工方案，监理单位应编制切实可行的监理实施细则。

（2）灌注桩施工，应先做好建筑物的定位和测量放线工作，施工过程中应对每根桩位进行复查（特别是定位桩的位置），以确保桩位。

（3）施工前应对水泥、砂、石子、钢材等原材料进行检查，也应对进场的机械设备、施工组织设计中制定的施工顺序、检测手段进行检查。

（4）桩施工前，应进行"试成孔"。试孔桩的数量每个场地不少于两个，通过试成孔检查核对地质资料、施工参数及设备运转情况。

（5）试孔结束后应检查孔径、垂直度、孔壁稳定性等是否符合设计要求。

（6）检查建筑物位置和工程桩位轴线是否符合设计要求。应对每根桩位复核，桩位的放样允许偏差如下：群桩20mm，单排桩10mm。泥浆护壁成孔桩应检查护筒的埋设位置，人工挖孔灌注桩应检查护壁井圈的位置。

（7）在施工过程中必须随时检查施工记录，并对照规定的施工工艺对每根桩进行质量检查。检查重点是：成孔、沉渣厚度（二次清孔后的结果）、放置钢筋笼、灌注混凝土等，人工挖孔桩尚应复验孔底持力层土（岩）性。嵌岩桩必须有桩端持力层的岩性报告。

（8）泥浆护壁成孔桩成孔过程要检查钻机就位的垂直度和平面位置，开孔前对钻头直径和钻具长度进行量测，并记录备查，检查护壁泥浆的相对密度及成孔后沉渣的厚度。

（9）人工挖孔桩挖孔过程中要随时检查护壁的位置、垂直度，及时纠偏。上下节护壁的搭接长度大于50mm。挖至设计标高后，检查孔壁、孔底情况，及时清除孔壁渣土淤泥、孔底残渣、积水。

（10）混凝土的坍落度对成桩质量有直接影响，坍落度合理的混凝土可有效地保证混凝土的灌注性、连续性和密实性，坍落度一般应控制为18～22cm。

（11）导管底端在混凝土面以下的深度是否合理关系到成桩质量，必须予以严格控制。开浇时料斗必须储足一次下料能保证导管埋入混凝土1.0m以上的混凝土初灌量，以免因导管下口未被埋入混凝土内造成管内反混浆现象，导致开浇失败；在浇筑过程中，要经常探测混凝土面的实际标高，计算混凝土面上升高度、导管下口与混凝土面相对位置，及时拆卸导管，保持导管合理埋深，严禁将导管拔出混凝土面。

（二）钢筋混凝土灌注桩地基质量检验

钢筋混凝土灌注桩地基质量检验内容如下：

1.施工前应对水泥、砂、石子（如现场搅拌）、钢材等原材料进行检查，对施工组织设计中制定的施工顺序、检测手段（包括仪器、方法）也应检查。

2.施工中应对成孔、清渣、放置钢筋笼、灌注混凝土等进行全过程检查。嵌岩桩必须有桩端持力层的岩性报告。

3.施工结束后，应检查混凝土强度，并应做桩体质量及承载力的检验。

4.混凝土灌注桩钢筋笼和混凝土灌注桩的质量检验标准应符合规定。

（三）工程质量通病及防治措施

1.钻孔出现偏移、倾斜

（1）质量通病

成孔后不直，出现较大的垂直偏差，降低桩的承载能力。

（2）防治措施

①安装钻机时，要对导杆进行水平和垂直校正，检修钻孔设备，如钻杆弯曲，及时调换或更换；遇软硬土层、倾斜岩层或砂卵石层应控制进尺，低速钻进。

②桩孔偏斜过大时，可填入石子、黏土重新钻进，控制钻速，慢速上下提升、下降，往复扫孔纠正；如遇探头石，宜用钻机钻透；用冲击钻时，宜用低锤密击，把石块击碎；遇倾斜基岩时，可投入块石，使表面略平，再用冲锤密打。

2.灌注桩出现脚桩、断桩

（1）质量通病

成孔后，桩身下部局部没有混凝土或夹有泥土形成吊脚桩；水下灌注混凝土，桩截面上存在泥夹层造成断桩，两类情形导致桩的整体性破坏，影响桩承载力。

（2）防治措施

①做好清孔工作，达到要求立即灌注桩混凝土，控制间歇不超过4h。注意控制泥浆密度，同时使孔内水位经常保持高于孔外水位0.5m以上，以防止塌孔。

②力争首批混凝土一次浇灌成功；钻孔选用较大密度和黏度、胶体率好的泥浆护壁；控制进尺速度，保持孔壁稳定。导管接头应用方螺纹连接，并设橡胶圈密封严密；孔口护筒不应埋置太浅；下钢筋笼骨架过程中，不应碰撞孔壁；施工时突然下雨，要力争一次性灌注完成。

③灌注桩孔壁严重塌方或导管无法拔出形成断桩，可在一侧补桩；深度不大可挖出，对断桩处做适当处理后，支模重新浇筑混凝土。

3.扩大头偏位

（1）质量通病

由于扩大头处土质不均匀，或者雷管和炸药放置的位置不正，或者是由于引爆程序不当而造成扩大头不在规定的桩孔中心而偏向一边。

（2）防治措施

为避免扩大头偏位，在选择扩孔位置的土层时，要求选择强度较高、土质均匀的土层作为扩大头的持力层；同时在爆扩时，雷管要垂直放于药包的中心，药包放于孔底中心并稳固好，当孔底不平时，应铺干砂垫平再放药包，以防止爆扩后扩大头偏位。

（四）钢筋混凝土灌注桩质量记录

钢筋混凝土灌注桩质量记录如下：

1.经审定的桩基工程施工组织设计、实施中的变更情况；

2.工程地质勘探报告、桩基工程图纸会审记录、设计变更记录、技术核定单、材料代用签证单等；

3.开工报告、技术交底、桩基工程定位放线和定位放线验收记录；

4.钢材质量证明书、水泥出厂检验报告、电焊条质量证明书；

5.现场预制桩的钢筋物理性能检验报告，钢筋焊接检验报告，混凝土预制桩（钢筋骨架）工程检验质量验收记录表，水泥物理性能检验报告，砂、石检测报告，混凝土配合比通知单，现场混凝土计量和坍落度检验记录，钢筋骨架隐蔽工程验收记录，混凝土施工记录，混凝土试件抗压强度报告，混凝土强度验收统计表；

6.成品桩的出厂合格证及进场后对该批成品桩的检验记录；

7.打桩施工记录或汇总表，桩位中间验收记录，每根桩、每节桩的接桩记录，硫黄胶泥试件试验报告或焊接桩的探伤报告；

8. 桩基工程隐蔽工程验收记录；

9. 混凝土预制桩工程检验批质量验收记录表、分项工程质量验收记录；

10. 工程竣工质量验收报告、桩基检测报告；

11. 桩基施工总结或技术报告；

12. 桩基工程竣工图。

第四节　地下防水工程

一、防水混凝土工程

（一）防水混凝土工程质量控制

1. 材料质量要求

（1）水泥

水泥宜采用普通硅酸盐水泥或硅酸盐水泥，其强度等级不应低于42.5级，不得使用过期或受潮结块水泥。

（2）集料

石子采用碎石或卵石，粒径宜为5～40mm，含泥量不得大于10%，泥块含量不得大于0.5%。砂宜用中砂，含泥量不得大于30%，泥块含量不得大于10%。

（3）水

拌制混凝土所用的水，应采用不含有害物质的洁净水。

（4）外加剂

外加剂的技术性能，应符合国家或行业标准一等品及以上的质量要求。

（5）粉煤灰

粉煤灰的级别不应低于Ⅱ级，掺量不宜大于20%；硅粉掺量不应大于3%；其他掺和料的掺量应通过试验确定。

2. 施工过程质量控制

（1）施工配合比应通过试验确定，抗渗等级应比设计要求的试验配比要求提高一级。

（2）拌制混凝土所用材料的品种、规格和用量，每工作班检查不应少于两次。

（3）混凝土在浇筑地点的坍落度，每工作班至少检查两次，坍落度试验应符合国家标准。

（4）泵送混凝土在交货地点的入泵坍落度，每工作班至少检查两次。

（5）如果防水混凝土拌和物在运输后出现离析，必须进行二次搅拌。当坍落度损失后不能满足施工要求时，应加入原水胶比的水泥浆或掺杂同品种的减水剂进行搅拌，严禁直接加水。

（6）防水混凝土的振捣必须采用机械振捣，振捣时间不应少于 2min。掺外加剂的应根据外加剂的技术要求确定振捣时间。

（二）防水混凝土质量检验

1. 主控项目

（1）防水混凝土的原材料、配合比及坍落度必须符合设计要求。

检验方法：检查产品合格证、产品性能检测报告、计量措施和材料进场检验报告。

（2）防水混凝土的抗压强度和抗渗性能必须符合设计要求。

检验方法：检查混凝土抗压强度、抗渗性能检验报告。

（3）防水混凝土结构的施工缝、变形缝、后浇带、穿墙管、埋设件等设置和构造必须符合设计要求。

检验方法：观察检查和检查隐蔽工程验收记录。

2. 一般项目

（1）防水混凝土结构表面应坚实、平整，不得有露筋、蜂窝等缺陷；埋设件位置应准确。

检验方法：观察检查。

（2）防水混凝土结构表面的裂缝宽度不应大于 0.2mm，且不得贯通。

检验方法：用刻度放大镜检查。

（3）防水混凝土结构厚度不应小于 250mm，主体结构迎水面钢筋保护层厚度不应小于 50mm，其允许偏差应为 ±5mm。

检验方法：尺量检查和检查隐蔽工程验收记录。

（三）工程质量通病及防治措施

1. 质量通病

防水混凝土厚度小（不足 250mm），其透水通路短，地下水易从防水混凝土中通过，当混凝土内部的阻力小于外部水压时，混凝土就会发生渗漏。

2. 防治措施

防水混凝土能防水，除了混凝土密实性好、开放孔少、孔隙率小以外，还必须具有一定厚度，以延长混凝土的透水通路，加大混凝土的阻水截面，使混凝土的蒸发量小于地下水的渗水量，混凝土则不会发生渗漏。综合考虑现场施工的不利条件及钢筋的引水作用等诸因素，防水混凝土结构的最小厚度必须大于 250mm，才能抵抗地下压力水的渗透作用。

二、卷材防水工程

（一）卷材防水工程质量控制

常用的地下防水卷材有高聚物改性沥青防水卷材及合成高分子防水卷材。

1. 材料质量要求

卷材防水层应选用高聚物改性沥青类或合成高分子类防水卷材，并应符合下列规定：

（1）卷材外观质量、品种规格应符合现行国家标准或行业标准，卷材及其胶黏剂应具有良好的耐水性、耐久性、耐刺穿性、耐腐蚀性和耐菌性，防水卷材及配套材料的主要性能应符合相关要求。

（2）所选用的基层处理剂、胶黏剂、密封材料等配套材料，均应与铺贴的卷材材性相容。卷材及胶黏剂种类繁多、性能各异；胶黏剂有溶剂型、水乳型、单组分、多组分等，各类不同的卷材都应有与其配套（相容）的胶黏剂及其他辅助材料。不同种类卷材的配套材料不能混用，否则有可能发生腐蚀侵害或达不到黏结质量标准。

（3）材料进场应提供质量证明文件，并按规定现场随机取样进行复检，复检合格方可用于工程。

2. 施工过程质量控制

（1）铺贴防水卷材前，基面应干净、干燥，并应涂刷基层处理剂；当基面潮湿时，应涂刷湿固化型胶黏剂或潮湿界面隔离剂。

（2）基层阴阳角应做成圆弧或45°，其尺寸应根据卷材品种确定；在转角处、变形缝、施工缝、穿墙管等部位应铺贴卷材加强层。

（3）铺贴双层卷材时，上下两层和相邻两幅卷材的接缝应错开 1/3 ~ 1/2 幅宽，且两层卷材不得相互垂直铺贴。

（4）采用冷粘法铺贴卷材时，胶黏剂的涂刷对保证卷材防水施工质量关系极大，应符合下列规定：

①胶黏剂涂刷应均匀，不露底不堆积；

②铺贴卷材时应控制胶黏剂涂刷与卷材铺贴的间隔时间，排出卷材下面的空气，并碾压黏结牢固，不得有空鼓；

③铺贴卷材应平整、顺直，搭接尺寸应正确，不得有扭曲、折皱；

④接缝口应用密封材料封严，其宽度不应小于 10mm。

（5）采用热熔法铺贴卷材时，加热是关键，应符合下列规定：

①火焰加热器加热卷材应均匀，不得过分加热或烧穿卷材；厚度小于 3mm 的高聚物改性沥青防水卷材严禁采用热熔法施工。

②卷材表面热熔后应立即滚铺，排出卷材下面的空气，并辊压黏结牢固，不得有空鼓、折皱。

③滚铺卷材时，接缝部位必须溢出沥青热熔胶，并应随即刮封接口使接缝黏结严密。

④铺贴后的卷材应平整、顺直，搭接尺寸应正确，不得有扭曲。

（6）自粘法铺贴卷材应符合下列规定：

①铺贴卷材时，应将有黏性的一面朝向主体结构；

②外墙、顶板铺贴时，排出卷材下面的空气，辊压黏贴牢固；

③铺贴卷材应平整、顺直，搭接尺寸准确，不得扭曲、折皱和起泡；

④立面卷材铺贴完成后，应将卷材端头固定，并应用密封材料封严；

⑤低温施工时，宜对卷材和基面采用热风适当加热，然后铺贴卷材。

（二）卷材防水工程质量检验

1. 主控项目

（1）卷材防水层所用卷材及其配套材料必须符合设计要求。

检验方法：检查产品合格证、产品性能检测报告和材料进场检验报告。

（2）卷材防水层必须符合设计要求。

检验方法：观察检查和检查隐蔽工程验收记录。

2. 一般项目

（1）卷材防水层的搭接缝应黏贴或焊接牢固，密封严密，不得有扭曲、折皱、翘边和起泡等缺陷。

检验方法：观察检查。

（2）采用外防外贴法铺贴卷材防水层时，立面卷材接槎的搭接宽度，高聚物改性沥青类卷材应为150mm，合成高分子类卷材应为100mm，且上层卷材应盖过下层卷材。

检验方法：观察和尺量检查。

（3）侧墙卷材防水层的保护层与防水层应结合紧密，保护层厚度应符合设计要求。

检验方法：观察和尺量检查。

（4）卷材搭接宽度的允许偏差应为 –10mm。

检验方法：观察和尺量检查。

（三）工程质量通病及防治措施

1. 质量通病

如在潮湿基层上铺贴卷材防水层，卷材防水层与基层黏结困难，易出现空鼓现象，立面卷材还会下坠。

2. 防治措施

（1）为保证黏结质量，当主体结构基面潮湿时，应涂刷湿固化型胶黏剂或潮湿界面隔离剂，以不影响胶黏剂固化和封闭隔离湿气。

（2）选用的基层处理剂必须与卷材及胶黏剂的材性相容，才能黏贴牢固。

（3）基层处理剂可采取喷涂法或涂刷法施工，喷涂应均匀一致，不得露底，为确保其黏结质量，必须待表面干燥后，方可铺贴防水卷材。

（四）卷材防水层质量记录

卷材防水层质量记录如下：

1.防水设计：设计图会审记录、设计变更通知单和材料代用核定单。

2.施工方案：施工方法、技术措施、质量保证措施。

3.技术交底：施工操作要求及注意事项。

4.材料质量证明文件：出厂合格证、产品质量检验报告、试验报告。

5.中间检查记录：分项工程质量验收记录、隐蔽工程检查验收记录、施工检验记录。

6.施工日志：逐日施工情况。

7.胶黏材料资料：试配及施工配合比、黏贴试验报告。

8.施工单位资质证明：资质复印证件。

9.工程检验记录：卷材防水层检验批质量验收记录表。

10.其他技术资料：事故处理报告、技术总结。

卷材防水层验收的文件和记录体现了施工全过程控制，必须做到真实、准确，不得涂改和伪造，各级技术负责人签字后才有效。

三、涂料防水工程

（一）涂料防水工程质量控制

1.原材料质量控制

地下结构属长期浸水部位，涂料防水层所选用的涂料应符合下列规定：

（1）具有良好的耐水性、耐久性、耐腐蚀性。

（2）无毒，难燃，低污染。

（3）无机防水涂料应具有良好的湿黏黏结性、耐磨性和抗刺穿性，有机防水涂料应具有较好的延伸性及较大的适应基层变形的能力。

（4）防水涂料及配套材料的主要性能应符合相关规范的要求。

2.施工过程质量控制

（1）涂刷施工前，基层表面的气孔、凹凸不平、蜂窝、缝隙、起砂等，应修补处理，基面必须干净、无水珠、不渗水。

（2）涂料涂刷前应先在基面上涂一层与涂料相溶的基层处理剂。

（3）多组分涂料应按配合比准确计量，搅拌均匀，并应根据有效时间确定每次配制的用量。

（4）涂料应分层涂刷或喷涂，涂层应均匀。每遍涂刷时应交替改变涂层的涂刷方向，同层涂膜的先后搭压宽度宜为 30 ~ 50mm。

（5）应注意保护涂料防水层的施工缝，搭接缝宽度不应小于 100mm，接涂前应将其甩槎表面处理干净。

（6）采用有机防水涂料时，基层阴阳角处应做成圆弧状；在转角处、变形缝、施工缝、穿墙管等部位应增加胎体增强材料和增涂防水涂料，宽度不应小于 500mm。

（7）胎体增强材料的搭接宽度不应小于 100mm。上下两层和相邻两幅胎体的接缝应错开 1/3 幅宽，且上下两层胎体不得相互垂直铺贴。

（8）涂料防水层完工并经验收合格后应及时做保护层。保护层规定跟卷材防水层相同。

（二）涂料防水工程质量检验

1. 主控项目

（1）涂料防水层所用的材料及配合比必须符合设计要求。

检验方法：检查产品合格证、产品性能检测报告、计量措施和材料进场检验报告。

（2）涂料防水层的平均厚度应符合设计要求。

检验方法：用针测法检查。

（3）涂料防水层必须符合设计要求。

检验方法：观察检查和检查隐蔽工程验收记录。

2. 一般项目

（1）涂料防水层应与基层黏结牢固，涂刷均匀，不得流淌、鼓泡。

检验方法：观察检查。

（2）涂层间夹铺胎体增强材料时，应使防水涂料浸透胎体覆盖完全，不得有胎体外露现象。

检验方法：观察检查。

（3）侧墙涂料防水层的保护层与防水层应结合紧密，保护层厚度应符合设计要求。

检验方法：观察检查。

（三）工程质量通病及防治措施

1. 质量通病

每遍涂层施工操作中很难避免出现小气孔、微细裂缝及凹凸不平等缺陷，加之涂料表面张力等影响，只涂刷一遍或两遍涂料，很难保证涂膜的完整性和涂膜防水层的厚度及其抗渗性能。

2. 防治措施

根据涂料不同类别确定不同的涂刷遍数。事先试验确定每遍涂料的涂刷厚度以及每个涂层需要涂刷的遍数。溶剂型和反应型防水涂料最少须涂刷三遍；水乳型高分子涂料宜多遍涂刷，一般不得少于六遍。

（四）涂料防水层质量记录

1. 涂料防水层验收文件和记录应按下列要求进行

（1）防水设计：设计图会审记录、设计变更通知单和材料代用核定单。

（2）施工方案：施工方法、技术措施、质量保证措施。

（3）技术交底：施工操作要求及注意事项。

（4）材料质量证明文件：出厂合格证、产品质量检验报告、试验报告。

（5）中间检查记录：分项工程质量验收记录、隐蔽工程检查验收记录、施工检验记录。

（6）施工日志：逐日施工情况。

（7）胎体材料资料：胎体材料试验报告。

（8）施工单位资质证明：资质复印证件。

（9）工程检验记录涂料防水层检验批质量验收记录表。

（10）其他技术资料：事故处理报告、技术总结。

涂料防水层验收的文件和记录体现了施工全过程控制，必须做到真实、准确，不得有涂改和伪造，各级技术负责人签字后才有效。

2. 涂料防水层隐蔽工程验收记录应包括以下主要内容：

（1）防水层的基层；

（2）防水层被掩盖的部位；

（3）变形缝、施工缝等防水构造的做法；

（4）管道设备穿过防水层的封固部位。

■ 第四章　主体结构工程施工质量管理

第一节　钢筋工程

一、钢筋原材料及加工

（一）钢筋原材料质量控制

1. 材料质量要求

（1）钢筋采购时，混凝土结构所采用的热轧钢筋、热处理钢筋、碳素钢丝、刻痕钢丝和钢绞线的质量，应符合现行国家标准的规定。

（2）钢筋从钢厂发出时，应具有出厂质量证明书或试验报告单，每盘钢筋均应有标牌。

（3）钢筋进入施工单位的仓库分批验收。验收内容包括查对标牌、外观检查，之后按有关技术标准的规定抽取试样做机械性能试验，检查合格后方可使用。

（4）钢筋在运输和储存时，必须保留标牌，严格防止混料，并按批分别堆放整齐，无论在检验前或检验后，都要避免锈蚀和污染。

（5）钢筋在使用前应全数检查其外观质量。钢筋外表面应平直、无损伤，钢筋表面不应有影响钢筋强度和锚固性能的锈蚀和污染，即表面不得有裂纹、油污、颗粒状或片状老锈。

（6）当发现钢筋焊接性能不良或力学性能显著不正常等现象时，应对该批钢筋进行化学成分检验或其他专项检验。

2. 施工过程质量控制

（1）仔细查看结构图，弄清不同结构件的配筋数量、规格、间距、尺寸等（注意处理好接头位置和接头面积百分率问题）。

（2）钢筋的表面应洁净。油渍和用锤敲击时能剥落的浮皮、铁锈等应在使用前清除干净。在焊接前，焊点处的水锈应清除干净。

（3）在除锈过程中发现钢筋表面氧化铁皮鳞落现象严重并损伤钢筋截面，或在除锈后钢筋表面有严重的麻坑、斑点伤蚀截面时，应降级使用或剔除不用。

（4）钢筋调直宜采用机械方法，也可用冷拉方法。

（5）钢筋切断时，将同规格钢筋根据不同长度长短搭配，统筹排料；一般先断长料，后断短料，以减少短头及损耗。断料时应避免用短尺量料，防止在量料中产生累计误差。

（6）在切断过程中，如发现钢筋有劈裂、缩头或严重的弯头，必须切除。

（7）钢筋弯曲前，对形状复杂的钢筋，可根据钢筋下料单上标明的尺寸，用石笔在弯曲位置画线。画线时宜从钢筋中线开始向两边进行，两边不对称的钢筋也可从一端开始，若画到另一端有出入时再进行调整，钢筋弯曲点不得出现裂缝。

（8）钢筋加工过程中要检查钢筋翻样图及配料单中的钢筋尺寸、形状是否符合设计要求，加工尺寸偏差应符合规定，还要检查受力钢筋加工时的弯钩、弯折的形状和弯曲半径以及箍筋末端的弯钩形式。

（9）钢筋加工过程中，若发现钢筋脆断、焊接性能不良或力学性能显著不正常等现象时，应立即停止使用，如果发现力学性能或化学成分不符合要求时，必须做退货处理。

（10）钢筋加工机械须经试运转，调试正常后才能投入使用。

（二）钢筋原材料及加工工程质量检验

1. 一般规定

（1）当钢筋的品种、级别或规格需要变更时，应办理设计变更文件。

（2）在浇筑混凝土之前，应进行钢筋隐蔽工程验收，其内容包括以下几方面：

①纵向受力钢筋的品种、规格、数量、位置等；

②钢筋的连接方式、接头位置、接头数量、接头面积百分率等；

③箍筋、横向钢筋的品种、规格、数量、间距等；

④预埋件的规格、数量、位置等。

2. 原材料

（1）主控项目

①钢筋进场时，应按国家标准的规定抽取试件做力学性能检验，其质量必须符合有关标准的规定。

检查数量：按进场的批次和产品的抽样检验方案确定。

检验方法：检查产品合格证、出厂检验报告和进场复验报告。

②对有抗震设防要求的框架结构，其纵向受力钢筋的强度应满足设计要求；当设计无具体要求时，对一、二级抗震等级，检验所得的强度实测值应符合下列规定：

钢筋的抗拉强度实测值与屈服强度实测值的比值不应小于1.25。

钢筋的屈服强度实测值与强度标准值的比值不应大于1.3。

检查数量：按进场的批次和产品的抽样检验方案确定。

检验方法：检查进场复验报告。

③当发现钢筋脆断、焊接性能不良或力学性能显著不正常等现象时，应对该钢筋进行化学成分检验或其他专项检验。

检验方法：检查化学成分等专项检验报告。

（2）一般项目

钢筋应平直、无损伤，表面不得有裂纹、油污、颗粒状或片状老锈。

检查数量：进场时和使用前全数检查。

检验方法：观察。

（三）工程质量通病及防治措施

1. 钢筋成形后弯曲处产生裂纹

（1）质量通病

钢筋成形后弯曲处外侧产生横向裂纹。

（2）防治措施

①每批钢筋送交仓库时，都需要认真核对合格证件，应特别注意冷弯栏所写弯曲角度和弯心直径是不是符合钢筋技术标准的规定；寒冷地区钢筋加工成形场所应采取保温或取暖措施，保证环境温度达到0℃以上。

②取样复查冷弯性能；取样分析化学成分，检查磷的含量是否超过了规定值。检查裂纹是否由于原先已弯折或碰损而形成，如有这类痕迹，则属于局部外伤，可不必对原材料进行性能检验。

2. 表面锈蚀

（1）质量通病

由于保管不良，受到雨、雪的侵蚀，长期存放在潮湿、通风不良的环境中生锈。

（2）防治措施

钢筋原料应存放在仓库或料棚内，保持地面干燥；钢筋不得堆放在地面，必须用混凝土墩、砖或垫木垫起，使其离地面200mm以上；库存期限不得过长，原则上先进库的先使用。工地临时保管钢筋原料时，应选择地势较高、地面干燥的露天场地；根据天气情况，必要时加盖苦布；场地四周要有排水措施；堆放期要尽量缩短。

3. 钢筋调直切断时被顶弯

（1）质量通病

使用钢筋调直机切断钢筋，在切断过程中钢筋被顶弯。

（2）防治措施

调整弹簧预压力，使钢筋顶不动定尺板。

（四）质量验收记录

质量验收记录如下：

1. 钢筋产品合格证；

2. 钢筋进场复试报告；

3. 钢筋冷拉记录；

4. 钢筋焊接接头力学性能检验报告；

5. 钢筋原材料、加工鉴定检测报告；

6. 钢筋原材料、加工检验批质量验收记录。

二、钢筋连接工程

（一）钢筋连接工程质量控制

钢筋连接工程质量控制内容如下：

1. 钢筋连接方法有机械连接、焊接、绑扎搭接等，纵向受力钢筋的连接方式应符合设计要求。钢筋的机械接头、焊接接头外观质量和力学性能，应按国家现行标准规定抽取试件进行检验，其质量应符合要求。绑扎接头应重点查验搭接长度，特别注意钢筋搭接接头面积百分率对搭接长度的修正。

2. 钢筋机械连接和焊接的操作人员必须经过专业培训，考试合格后持证上岗。焊接操作工作只能在其上岗证规定的施焊范围实施操作。

3. 钢筋连接操作前应进行安全技术交底，并履行相关手续。

4. 钢筋机械连接技术包括直、锥螺纹连接和套筒挤压连接，钢筋应先调直再下料。切口端面应与钢筋轴线垂直，不得有马蹄形或挠曲，不得用气割下料。连接钢筋时，钢筋规格和连接套的规格应一致，并确保钢筋和连接套的丝扣干净、完好无损。

5. 钢筋的焊接连接技术包括电阻点焊、闪光对焊、电弧焊和竖向钢筋接长的电渣压力焊以及气压焊。

（二）工程质量通病及防治措施

1. 钢筋焊接区焊点过烧

（1）通病情况

钢筋焊接区，上下电极与钢筋表面接触处均有烧伤，焊点周界熔化钢液外溢过大，而且毛刺较多，外观不美，焊点处钢筋呈现蓝黑色。

（2）防治措施

①除严格执行班前试验，正确优选焊接参数外，还必须进行试焊样品质量自检，目测焊点外观是否与班前合格试件相同，制品几何尺寸和外形是否符合规范和设计要求，全部合格后方可成批焊接。

②电压的变化直接影响焊点强度。一般情况下，电压降低 15%，焊点强度可降低 20%；电压降低 20%，焊点强度可降低 40%。因此，要随时注意电压的变化，电压降低或升高应控制在 5% 的范围内。

③发现钢筋点焊制品焊点过烧时，应降低变压器级数，缩短通电时间，按新调整的焊接参数制作焊接试件，经试验合格后方可成批焊制产品。

2. 焊点压陷深度过大或过小

（1）质量通病

焊点实际压陷深度大于或小于焊接参数规定的上下限时，均称为焊点压陷深度过大或过小，并认为是不合格的焊接产品。

（2）防治措施

焊点压陷深度的大小，与焊接电流、通电时间和电极挤压力有着密切关系。要达到最佳的焊点压陷深度，关键是正确选择焊接参数，并经试验合格后才能成批生产。

3. 气压焊钢筋接头偏心和倾斜

（1）质量通病

①焊接头两端轴线偏移大于 0.15d（d 为较小钢筋直径），或超过 4mm。

②接头弯折角度大于 4°。

（2）防治措施

①钢筋要用砂轮切割机下料，使钢筋端面与轴线垂直，端头处理不合格的不应焊接。

②两钢筋夹持于夹具内，轴线要对正，注意调整好调节器调向螺纹。

③焊接前要检查夹具质量，分析有无产生偏心和弯折的可能。办法是用两根光圆短钢筋安装在夹具上，直观检查两夹头是否同轴。

④确认夹紧钢筋后再施焊。

⑤焊接完成后，不能立即卸下夹具，待接头红色消失后，再卸下夹具，以免钢筋倾斜。

⑥对有问题的接头按下列方法进行处理：

a. 弯折角大于 4° 的可以加热后校正。

b. 偏心大于 0.15d 或大于 4mm 的要割掉重焊。

4. 带肋钢筋套筒挤压连接偏心、弯折

（1）质量通病

被连接的钢筋的轴线与套筒的轴线不在同一轴线上，接头处弯折大于 4°。

（2）防治措施

①摆正钢筋，使被连接钢筋处于同一轴线上，调整压钳，使压模对准套筒表面的压痕标志，并使压模压接方向与钢套筒轴线垂直。钢筋压接过程中，始终注意接头两端钢筋轴线应保持一致。

②切除或调直钢筋弯头。

三、钢筋安装工程

（一）钢筋安装工程质量控制

1. 钢筋安装前，应进行安全技术交底，并履行有关手续。应根据施工图核对钢筋的品种、规格、尺寸和数量，并落实钢筋安装工序。

2. 钢筋安装时应检查钢筋的品种、级别、规格、数量是否符合设计要求，检查钢筋骨架、钢筋网绑扎方法是否正确、是否牢固可靠。

3. 钢筋绑扎时应检查钢筋的交叉点是否用铁丝扎牢，板、墙钢筋网的受力钢筋位置是否准确；双向受力钢筋必须绑扎牢固，绑扎基础底板钢筋，应使弯钩朝上，梁和柱的箍筋（除有特殊设计要求外），应与受力钢筋垂直，箍筋弯钩叠合处，应沿受力钢筋方向错开放置，梁的箍筋弯钩应放在受压处。

4. 注意控制框架结构节点核心区、剪力墙结构暗柱与连梁交接处梁与柱的箍筋设置是否符合要求。剪力墙结构中连梁箍筋在暗柱中的设置是否符合要求。框架梁、柱箍筋加密区长度和间距是否符合要求。框架梁、连梁在柱（墙、梁）中的锚固方式和锚固长度是否符合设计要求（工程中往往存在部分钢筋水平段锚固不满足设计要求的现象）。

5. 当剪力墙钢筋直径较小时，注意控制钢筋的水平度与垂直度，应当采取适当措施确保钢筋位置正确。

6. 工程实践中为便于施工，剪力墙中的拉筋加工往往是一端加工成135°弯钩，另一端暂时加工成90°弯钩，待拉筋就位后再将90°弯钩弯扎成形。这样，如加工措施不当往往会出现拉筋变形使剪力墙筋骨架减小现象，钢筋安装时应予以控制。

7. 工程中常常出现由于墙柱钢筋固定措施不合格，导致下柱（墙）钢筋位置偏离设计要求的现象，隐蔽工程验收时应查验防止墙柱钢筋错位的措施是否得当。

8. 钢筋安装时，检查梁、柱箍筋弯钩处是否沿受力钢筋方向相互错开放置，绑扎扣是否按变换方向进行绑扎。

9. 钢筋安装完毕后，检查钢筋保护层垫块等是否根据钢筋直径、间距和设计要求正确放置。

（二）钢筋安装工程质量检验

1. 检验批划分

检验批可根据施工和质量控制及专业工程验收的需要按楼层、施工段、变形缝等进行划分，即每层、段可按基础、柱、剪力墙、梁、板、梯等结构件进行划分。

2. 检查数量

在同一检验批内，对梁、柱和独立基础，应抽查构件数量的 10%，且不少于 3 件；对墙和板，应按有代表性的自然间抽查 10%，且不少于 3 间；对于大空间结构，墙可按相邻轴线间高度 5m 左右划分检查面，板可按纵、横轴线划分检查面，抽查 10%，且均不少于 3 面。

（三）工程质量通病及防治措施

1. 柱子外伸钢筋错位

（1）质量通病

下柱外伸钢筋从柱顶甩出，由于位置偏离设计要求过大，与上柱钢筋搭接不上。

（2）防治措施

①在外伸部分加一道临时箍筋，按图纸位置安设好，然后用样板、铁卡或木方卡固定好；浇筑混凝土前再复查一遍，如发生移位，则应矫正后再浇筑混凝土。

②注意浇筑操作，尽量不碰撞钢筋；浇筑过程中由专人随时检查，及时校核改正。

③在靠紧搭接不可能时，仍应使上柱钢筋保持设计位置，对错位严重的外伸钢筋（甚至超出上柱模板范围），应采取专门措施处理。例如，加大柱截面，具体方案视实际情况由有关技术部门确定。

2. 钢筋遗漏

（1）质量通病

在检查核对绑扎好的钢筋骨架时，发现某号钢筋遗漏。

（2）防治措施

绑扎钢筋骨架之前要基本上记住图纸内容，并按钢筋材料表核对配料单和料牌，检查钢筋规格是否齐全准确，形状、数量是否与图纸相符；在熟悉图纸的基础上，仔细研究各号钢筋绑扎安装顺序和步骤；整个钢筋骨架绑完后，应清理现场，检查有没有某号钢筋遗留。

3. 梁箍筋弯钩与纵筋相碰

（1）质量通病

在梁的支座处，箍筋弯钩与纵向钢筋抵触。

（2）防治措施

绑扎钢筋前应先规划箍筋弯钩位置（放在梁的上部或下部），如果梁上部仅有一层纵向钢筋，箍筋弯钩与纵向钢筋便不抵触，为了避免箍筋接头被压开口，弯钩可放在梁上部（构件受拉区），但应特别绑牢，必要时用电弧焊点焊几处；对于有两层或多层纵向钢筋的，则应将弯钩放在梁下部。

（四）钢筋安装工程质量验收记录

1. 钢筋安装工程检验批质量验收记录；

2. 钢筋工程隐蔽验收记录；

3. 钢筋分项工程质量验收记录。

第二节　混凝土工程

一、混凝土施工工程

（一）混凝土施工工程质量控制

1. 材料质量要求

水泥进场时必须有产品合格证、出厂检验报告。进场时还要对水泥品种、级别、包装或散装仓号、出厂日期等进行检查验收；对其强度、安定性及其他必要的性能指标进行复试，其质量必须符合规定。

2. 施工过程质量控制

（1）混凝土施工前应检查混凝土的运输设备是否良好、道路是否畅通，保证混凝土的连续浇筑和良好的混凝土和易性。

（2）混凝土现场搅拌时应对原材料的计量进行检查，并经常检查坍落度，严格控制水灰比。

（3）检查混凝土搅拌的时间，并在混凝土搅拌后和浇筑地点分别抽样检测混凝土的坍落度，每班至少检查两次，评定时应以浇筑地点的测值为准。

（4）混凝土施工中检查控制混凝土浇筑的方法和质量。一是防止浇筑速度过快，避免在钢筋上面和墙与板、梁与柱交界处出现裂缝。二是防止浇筑不均匀，易形成裂缝。

（5）浇捣时间应连续进行，当必须间歇时，其间歇时间应尽量缩短，并应在前层混凝土初凝之前，将次层混凝土浇筑完毕。前层混凝土凝结时间不得超过相关规定，否则应留施工缝。

（6）施工缝的留置应符合以下规定：

①柱宜留置在基础的顶面、梁或吊车梁牛腿的下面、吊车梁的上面、无梁楼板柱帽的下面。

②与板连成整体的大截面梁，留置在板底面以下 20～30mm 处，当板下有梁托时，留置在梁托下部。

③单向板，留置在平行于板的短边的任何位置。

（7）混凝土施工过程中应对混凝土的强度进行检查，在混凝土浇筑地点随机留取标准养护试件和同条件养护试件，其留取的数量应符合要求。同条件试件必须与其代表的构件一起养护。

（8）混凝土浇筑后应检查是否按施工技术方案进行养护，并对养护的时间进行检查落实。

（二）混凝土施工工程质量检验

1.结构混凝土的强度等级必须符合设计要求。用于检查结构构件混凝土强度的试件，应在混凝土的浇筑地点随机抽取。取样与试件留置应符合下列规定：

（1）每拌制100盘且不超过100m³的同配合比的混凝土，取样不得少于1次。

（2）每工作班拌制的同一配合比的混凝土不足100盘时，取样不得少于1次。

（3）当一次连续浇筑超过1000m³时，同一配合比的混凝土每200m³取样不得少于1次。

（4）每一楼层、同一配合比的混凝土，取样不得少于1次。

（5）每次取样应至少留置1组标准养护试件，同条件养护试件的留置组数应根据实际需要确定。

2.混凝土施工工程检验批可根据施工和质量控制及专业验收需要按工作班、楼层、施工段、变形缝等进行划分，即每层、段可按基础、柱、剪力墙、梁、板、梯等结构划分。

检验方法：检查试件抗渗试验报告。

3.混凝土原材料每盘称量的偏差应符合规定。

（三）工程质量通病及防治措施

1.大体积混凝土配合比中未采用低水化热的水泥

（1）质量通病

大体积混凝土由于体量大，在混凝土硬化过程中产生的水化热不易散发，如不采取措施，会由于混凝土内外温差过大而出现混凝土裂缝。

（2）防治措施

配制大体积混凝土应先用水化热低的、凝结时间长的水泥，采用低水化热的水泥配制大体积混凝土是降低混凝土内部温度的可靠方法。

2.混凝土表面疏松脱落

（1）质量通病

混凝土结构构件浇筑脱模后，表面出现疏松、脱落等现象，表面强度比内部要低很多。

（2）防治措施

①表面较浅的疏松脱落，可将疏松部分凿去，洗刷干净充分湿润后，用1∶2或1∶25

的水泥砂浆抹平压实。

②表面较深的疏松脱落，可将疏松和突出颗粒除去，刷洗干净充分湿润后支模，用比结构高一强度等级的细石混凝土浇筑，强力捣实，并加强养护。

二、混凝土现浇结构工程

（一）混凝土现浇结构工程施工过程质量控制

1. 现浇结构的外观质量缺陷，应由监理（建设）单位、施工单位等各方根据其对结构性能和使用功能影响的严重程度来确定。

2. 现浇混凝土结构待强度达到一定程度拆模后，应及时对混凝土外观质量进行检查，对结构性能和使用功能影响严重程度，应及时提出技术处理方案，待处理后对经处理的部位应重新检查验收。

3. 现浇结构不应有影响结构性能和使用功能的尺寸偏差，混凝土设备基础不应有影响结构性能和设备安装的尺寸偏差。现浇结构的外观质量不应有严重缺陷。

4. 对于现浇混凝土结构外形尺寸偏差，检查主要轴线、中心线位置时，应沿纵横两个方向量测，并取其中的较大值。

（二）工程质量通病及防治措施

1. 结构混凝土缺棱掉角

（1）质量通病

由于木模板在浇筑混凝土前未充分浇水湿润或湿润不够，浇筑后养护不好，棱角处混凝土的水分被模板大量吸收，造成混凝土脱水，强度降低，或模板吸水膨胀将边角拉裂，拆模时棱角被粘掉，造成截面不规则、棱角缺损。

（2）防治措施

①木模板在浇筑混凝土前应充分湿润，浇筑后应认真浇水养护。

②拆除侧面非承重模板时，混凝土强度应具有 12MPa 以上。

③拆模时注意保护棱角，避免用力过猛、过急；吊运模板时，防止撞击棱角；运料时，通道处的混凝土阳角应用角钢、草袋等保护好，以免碰损。

④对混凝土结构缺棱掉角的，可按照下列方法处理：

a. 对较小的缺棱掉角，可将该处松散颗粒凿除，用钢丝刷刷洗干净，清水冲洗并充分湿润后，用 1：2 或 1：2.5 的水泥砂浆抹补齐整。

b. 对较大的缺棱掉角，可将不实的混凝土和凸出的颗粒凿除，用水冲刷干净湿透，然后支模，用比原混凝土高一强度等级的细石混凝土填灌捣实，并认真养护。

2. 混凝土结构表面露筋

（1）质量通病

混凝土结构内部主筋、副筋或箍筋局部裸露在表面，没有被混凝土包裹，从而影响结构性能。

（2）防治措施

①浇筑混凝土时应保证钢筋位置正确和保护层厚度符合规定要求，并加强检查。

②钢筋密集时，应选用适当粒径的石子，保证混凝土配合比正确和良好的和易性。浇筑高度超过 2m 时，应用串桶、溜槽下料，以防离析。

（三）混凝土现浇结构质量验收记录

混凝土现浇结构质量验收记录如下：

1. 混凝土外观质量检验批质量验收记录；

2. 混凝土尺寸偏差检验批质量验收记录；

3. 混凝土现浇结构分项工程验收记录。

第三节　模板工程

一、模板安装工程

（一）模板安装工程质量控制

1. 材料质量要求

混凝土结构模板有木模板、钢模板、铝合金模板、木胶合板模板、竹胶合板模板、塑料和玻璃钢模板等。常用的模板主要有木模板、钢模板、竹胶合板模板以及钢模板等。

（1）木模板的材质不宜低于Ⅲ等材，其含水率应不小于 25%。平板模板宜用定型模板铺设，其底端要支撑牢固。模板安装尽量做到构造简单，装拆方便。

（2）组合钢模板由钢模板、连接件和支承件组成。①钢模板配板要求：配板时宜选用大规格的钢模极为主板，使用的种类应尽量少；应根据模面的形状和几何尺寸以及支撑形式决定配板；模板长向拼接应错开配制，尽量采用横排或竖排，并利于支撑系统布置。预埋件和预留孔洞的位置应在配板图上标明并注明固定方法。②连接件有 U 形卡、L 形插销、紧固螺栓、钩头螺栓、对拉螺栓及扣件等，应满足配套使用、装拆方便、操作安全的要求，使用前应检查质量合格证明。连接件的容许拉力、容许荷载应满足要求。

③支承件有木支架和钢支架两种，必须有足够的强度、刚度和稳定性。支架应能承受新浇筑混凝土的质量、模板质量、侧压力以及施工荷载。其质量应符合有关标准的规定，并应检查质量合格证明。

（3）应选用无变质、厚度均匀、含水率小的竹胶合板模板，并优先采用防水胶质型。竹胶合板根据板面处理的不同分为素面板、覆木板、涂膜板和覆膜板。

（4）不得采用影响结构性能或妨碍装饰工程施工的隔离剂，严禁使用废机油做隔离剂。常用的隔离剂有皂液、滑石粉、石灰水及其混合液和各种专用化学制品等。脱模剂材料宜拌成黏稠状，并涂刷均匀，不得流淌。

2. 模板安装工程施工质量控制

（1）模板及其支架应根据工程结构形式、荷载大小、地基土类别、施工设备和材料供应等条件进行设计。模板及其支架应具有足够的承载能力、刚度和稳定性，能可靠地承受浇筑混凝土的重量、侧压力以及施工荷载。

（2）一般情况下，模板自下而上地安装。在安装过程中要注意模板的稳定，可设置临时支撑稳住模板，待安装完毕且校正无误后方可将其固定牢固。

（3）安装过程中要多检查，注意垂直度、中心线、标高及各部分的尺寸，保证结构部分的几何尺寸和相对位置正确。

（4）墙柱模板安装时应先弹好建筑轴线、楼层的墙身线、门窗洞口位置线及标高线。施工过程中应随时检查测量、放样、弹线工作是否按施工技术方案进行，并进行复核记录。

（5）模板应涂刷隔离剂。涂刷隔离剂时，应选取适宜的隔离剂品种，注意不要使用影响结构或妨碍装饰装修工程施工的油性隔离剂。在涂刷模板隔离剂时，不得沾污钢筋和混凝土接槎处，并应随时进行全数认真检查。

（6）模板的接缝不应漏浆。模板漏浆，会造成混凝土外观蜂窝麻面，直接影响混凝土质量。因此无论采用何种材料制作模板，其接缝都应严密，不漏浆。采用木模板时，由于木材吸水会胀缩，故木模板安装时的接缝不宜过于严密。安装完成后应浇水湿润，使木板接缝闭合。

（7）模板安装完后，应检查梁、柱、板交叉处，楼梯间墙面间隙接缝处等，防止有漏浆、错台现象。办理完模板工程预检验收，方准浇筑混凝土。

（8）模板安装和浇筑混凝土时，应对模板及其支架进行观察和维护。发生异常情况时，应按施工技术方案及时进行处理。模板及其支架拆除的顺序及安全措施应按施工技术方案执行。

（二）工程质量通病及防治措施

1. 模板拼缝不严

（1）质量通病

采用易变形木材制作的模板，因其材质软、吸水率高，混凝土浇捣后模板变形较大，混凝土容易产生裂缝，表面毛糙。

（2）防治措施

采用木材制作模板，应选用质地坚硬的木料，不宜使用黄花松木或其他易变形的木材制作模板。

2.竖向混凝土构件的模板安装未吊垂线检查垂直度

（1）质量通病

墙体、立柱等竖向构件模板安装后，如不经过垂直度校正，各层垂直度累积偏差过大将造成构筑物向一侧倾斜；各层垂直度累积偏差不大，但相互间相对偏差较大，也将导致混凝土实测质量不合格，且给面层装饰找平带来困难和隐患。

（2）防治措施

竖向构件每层施工模板安装后，均须在立面内外侧用线坠吊测垂直度，并校正模板垂直度在允许偏差范围内。在每施工一定层次后须从顶到底统一吊垂线检查垂直度，从而控制整体垂直度在一定允许偏差范围内，如发现墙体有向一侧倾斜的趋势，应立即加以纠正。

对每层模板垂直度校正后须及时加支撑牢固，以防止浇捣混凝土过程中模板受力后再次发生偏位。

3.封闭或竖向模板无排气孔、浇捣孔

（1）质量通病

由于封闭或竖向的模板无排气孔，混凝土表面易出现气孔等缺陷，高柱、高墙模板未留浇捣孔，易出现混凝土浇捣不实或空洞现象。

（2）防治措施

墙体的大型预留洞口（门窗洞等）底模应开设排气孔，使混凝土浇筑时气泡及时排出，确保混凝土浇筑密实。高柱、高墙（超过3m）侧模要开设浇捣孔，以便混凝土浇筑和振捣。

二、模板拆除工程

（一）模板拆除工程施工过程质量控制

1.模板及其支架的拆除时间和顺序应事先在施工技术方案中确定，拆模必须按拆模顺序进行，一般是后支的先拆，先支的后拆；先拆非承重部分，后拆承重部分。重大复杂的模板拆除，按专门制订的拆模方案执行。

2.拆模时不要用力过大过急，拆下来的模板和支撑用料要及时运走、整理。

3.现浇楼板采用早拆模施工时，经理论计算复核后将大跨度楼板改成支模形式为小跨度楼板（≤2m），当浇筑的楼板混凝土实际强度达到50%的设计强度标准值，可拆除模板，保留支架，严禁调换支架。

4. 多层建筑施工，当上层楼板正在浇筑混凝土时，下一层楼板的模板支架不得拆除，再下一层楼板的支架，仅可拆除一部分；跨度 4m 及 4m 以上的梁下均应保留支架，其间距不得大于 3m。

5. 高层建筑梁、板模板，完成一层结构，其底模及其支架的拆除时间控制，应对所用混凝土的强度发展情况，分层进行核算，确保下层梁及楼板混凝土能承受上层全部荷载。

6. 拆除前应先清理脚手架上的垃圾杂物，再拆除连接杆件，经检查安全可靠后方可按顺序拆除模板。拆除时要有统一指挥、专人监护，设置警戒区，防止交叉作业，拆下物品及时清运、整修、保养。

7. 后张法预应力结构构件，侧模宜在预应力张拉前拆除；底模及支架的拆除应按施工技术方案，当无具体要求时，应在结构构件建立预应力之后拆除。

8. 后浇带模板的拆除和支顶方法应按施工技术方案执行。

（二）工程质量通病及防治措施

1. 质量通病

由于现场使用急于周转模板，或因为不了解混凝土构件拆模时所应遵守的强度和时间龄期要求，不按施工方案要求，过早地将混凝土强度等级和龄期还没有达到设计要求的构件底模拆除，此时混凝土还不能承受全部使用荷载或施工荷载，造成构件出现裂缝甚至破坏，严重至坍塌的质量事故。

2. 防治措施

（1）应在施工组织设计、施工方案中明确考虑施工工序安排、进度计划和模板安装及拆除要求。拆模一定要严格按施工组织方案要求落实，满足一定的工艺时间间歇要求。同时施工现场应落实拆模令，即拆除重要混凝土结构件的模板必须由现场施工员提出申请，技术员签字把关。

（2）现场可以制作混凝土试块，并与现浇混凝土构件同条件养护，到达施工组织方案规定拆模时间时进行抗压强度试验，以检查现场混凝土是否已达到了拆模要求的强度标准。

（3）施工现场交底要明确，不能使操作人员处于不了解拆模要求的状况。

（4）按照施工组织方案配备足够数量的模板，不能因为模板周转数量少而影响施工工期或提早拆模。

第四节 砌体工程

一、砖砌体工程

（一）砖砌体工程质量控制

1. 材料质量要求

（1）砖和砌块应满足以下要求：①砌块应有出厂合格证，砖的品种、规格和强度等级必须符合设计要求。用于清水墙、柱表面的砖，应边角整齐、色泽均匀。砌筑时，蒸压（养）砖的产品龄期不得少于 28d。②砌块进场应按要求进行取样试验，并出具试验报告，合格后方可使用。③施工现场砖和砌块应堆放平整，堆放高度不宜超过 2m，有防雨要求时要防止雨淋，并做好排水，保持砌块干净。

（2）水泥的强度等级应根据设计要求进行选择。水泥砂浆采用的水泥，其强度等级不宜大于 32.5 级；水泥混合砂浆采用的水泥，其强度等级不宜大于 42.5 级。水泥进场使用前，应分批对其强度、安定性进行复检。

（3）砂宜采用中砂，不得含有有害杂质。砂中含泥量，对水泥砂浆和强度等级不小于 M5 的水泥混合砂浆，不得超过 5%；对强度等级小于 M5 的水泥混合砂浆，不应超过 10%；人工砂、山砂及特细砂，经试配应能满足砌筑砂浆技术条件要求。

（4）生石灰熟化成石灰膏时，应用孔径不大于 3×3mm 的网过滤，熟化时间不得少于 7d；磨细生石灰粉的熟化时间不得少于 2d。沉淀池中储存的石灰膏，应采取防止干燥、冻结和污染的措施。配制水泥石灰砂浆时，不得采用脱水硬化的石灰膏。

（5）凡在砂浆中掺入有机塑化剂、早强剂、缓凝剂、防冻剂等，应在检验和试配符合要求后，方可使用。有机塑化剂应有砌体强度的型式检验报告。

（6）砂浆应符合以下要求：①砂浆的品种、强度等级必须符合设计要求。②每立方米水泥砂浆中水泥用量不应小于 200kg，每立方米水泥混合砂浆中水泥和掺和料总量宜为 300～350kg。③具有冻融循环次数要求的砌筑砂浆，经冻融试验后，质量损失率不得大于 5%，抗压强度损失率不得大于 25%。④水泥混合砂浆不得用于基础等地下潮湿环境中的砌体工程。

（7）用于砌体工程的钢筋品种、强度等级必须符合设计要求，并应有产品合格证书和性能检测报告，进场后应进行复检。设置在潮湿环境或有化学侵蚀性介质的环境中的砌体灰缝内的钢筋应采取防腐措施。

2.施工过程质量控制

（1）放线和皮数杆

①建筑物的标高，应引自标准水准点或设计指定的水准点。基础施工前，应在建筑物的主要轴线部位设置标志板。标志板上应标明基础、墙身和轴线的位置及其标高。外形或构造简单的建筑物，可用控制轴线的引桩代替标志板。

②砌筑前，弹好墙基大放脚外边沿线、墙身线、轴线、门窗洞口位置线，并必须用钢尺校核放线尺寸。

③按设计要求，在基础及墙身的转角及某些交接处立好皮数杆，其间距每隔10～15m立一根，皮数杆上画有每皮砖和灰缝厚度及门窗洞口、过梁、楼板等竖向构造的变化位置，控制楼层及各部位构件的标高。砌筑完每一楼层（或基础）后，应校正砌体的轴线和标高。

（2）砌体工作段的划分

①相邻工作段的分段位置，宜设在伸缩缝、沉降缝、防震缝、构造柱或门窗洞口处。

②相邻工作段的高度差，不得超过一个楼层的高度，且不得大于4m。

③砌体临时间断处的高度差，不得超过一步脚手架的高度。

④砌体施工时，楼面堆载不得超过楼板允许荷载值。

⑤尚未安装楼板或屋面的墙和柱，当可能遇到大风时，其允许自由高度不得超过其规定。如超过规定，必须采取临时支撑等有效措施以保证墙或柱在施工中的稳定性。

（3）砌体留槎和拉结筋

①砖砌体接槎时必须将接槎处的表面清理干净，浇水湿润，填实砂浆并保持灰缝平直。

②多层砌体结构中，后砌的非承重砌体隔墙，应沿墙高每隔500mm配置两根钢筋与承重墙或柱拉结，每边伸入墙内不应小于500mm。抗震设防烈度为8度和9度区，长度大于5m的后砌隔墙的墙顶，还应与楼板或梁拉结。隔墙砌至梁板底时，应留一定空隙，间隔一周后再补砌挤紧。

（4）砖砌体灰缝

①水平灰缝砌筑方法宜采用"三一砌砖法"，即"一铲灰、一块砖、一揉挤"的操作方法。竖向灰缝宜采用挤浆法或加浆法，使其砂浆饱满，严禁用水冲浆灌缝。

如采用铺浆法砌筑，铺浆长度不得超过750mm。施工期间气温超过30℃时，铺浆长度不得超过500mm。水平灰缝的砂浆饱满度不得低于80%，竖向灰缝不得出现透明缝、瞎缝和假缝。

②清水墙面不应有上下二皮砖搭接长度小于25mm的通缝，不得有三分头砖，不得在上部随意变活、乱缝。

③空斗墙的水平灰缝厚度和竖向灰缝宽度一般为10mm，但不应小于7mm，也不应大于13mm。

④筒拱拱体灰缝应全部用砂浆填满，拱底灰缝宽度宜为5～8mm，筒拱的纵向缝应

与拱的横断面垂直。筒拱的纵向两端，不宜砌入墙内。

⑤为保持清水墙面立缝垂直一致，当砌至一步架子高时，水平间距每隔 2m，在丁砖竖缝位置弹两道垂直立线，控制游丁走缝。

⑥清水墙勾缝应采用加浆勾缝，勾缝砂浆宜采用细砂拌制的 1∶1.5 水泥砂浆。勾凹缝时深度为 4 ~ 5mm，多雨地区或多孔砖可采用稍浅的凹缝或平缝。

⑦砖砌平拱过梁的灰缝应砌成楔形缝。灰缝宽度，在过梁底面不应小于 5mm，在过梁的顶面不应大于 15mm。拱脚下面应伸入墙内不小于 20mm，拱底应有 1% 起拱。

⑧砌体的伸缩缝、沉降缝、防震缝中，不得夹有砂浆、碎砖和杂物等。

（5）砖砌体预留孔洞和预埋件

①设计要求的洞口、管道、沟槽，应在砌筑时按要求预留或预埋，未经设计单位同意，不得打凿墙体和在墙体上开凿水平沟槽。超过 300mm 的洞口上部应设过梁。

②砌体中的预埋件应做防腐处理，预埋木砖的木纹应与钉子垂直。

③在墙上留置临时施工洞口，其侧边离高楼处墙面不应小于 500mm，洞口净宽度不应超过 1m，洞顶部应设置过梁。

抗震设防烈度为 9 度的地区建筑物的临时施工洞口位置，应会同设计单位确定。临时施工洞口应做好补砌。

④不得在下列墙体或部位设置脚手眼：

a.120mm 厚墙、料石清水墙和独立柱。

b. 过梁上与过梁成 60° 的三角形范围及过梁净跨度 1/2 的高度范围内。

c. 宽度小于 1m 的窗间墙。

d. 砌体门窗洞口两侧 200mm（石砌体为 300mm）和转角处 450mm（石砌体为 600mm）范围内。

e. 梁或梁垫下及其左右 500mm 范围内。

f. 设计单位不允许设置脚手眼的部位。

⑤预留外窗洞口位置应上下挂线，保持上下楼层洞口位置垂直；洞口尺寸应准确。

（二）工程质量通病及防治措施

1. 砖缝砂浆不饱满

（1）质量通病

砌体水平灰缝砂浆饱满度低于 80%；竖缝出现瞎缝，特别是空心砖墙，常出现较多的透明缝；砌筑清水墙采取大缩口铺灰，缩口缝深度甚至达 20mm 以上，影响砂浆饱满度。砖在砌筑前未浇水湿润，干砖上墙，或铺灰长度过长，致使砂浆与砖黏结不良。

（2）防治措施

①改善砂浆和易性，提高黏结强度，确保灰缝砂浆饱满。

②当采用铺浆法砌筑时，必须控制铺浆的长度。一般气温条件下不得超过 750mm；

当施工期间气温超过 30℃时，不得超过 500mm。

③严禁用干砖砌墙。砌筑前 1~2d 应将砖浇湿，使砌筑时烧结普通砖和多孔砖的含水率达到 10%~15%，灰砂砖和粉煤灰砖的含水率达到 8%~12%。

④冬季施工时，在正温条件下也应将砖面适当湿润后再砌筑。负温条件下施工无法浇砖时，应适当增大砂浆的稠度。对于 9 度抗震设防地区，在严冬无法浇砖的情况下，不能进行砌筑。

2. 清水墙面游丁走缝

（1）质量通病

大面积的清水墙面常出现丁砖竖缝歪斜、宽窄不匀，丁不压中（丁砖在下层顺砖上不居中），清水墙窗台部位与窗间墙部位的上下竖缝发生错位等，直接影响到清水墙面的美观。

（2）防治措施

①砌筑清水墙，应选取边角整齐、色泽均匀的砖。

②砌清水墙前应进行统一摆底，并先对现场砖的尺寸进行实测，以便确定组砌方法和调整竖缝宽度。

③摆底时应将窗口位置引出，使砖的竖缝尽量与窗口边线相齐，如安排不开，可适当移动窗口位置（一般不大于 20mm）。当窗口宽度不符合砖的模数时，应将七分头砖留在窗口下部的中央，以保持窗间墙处上下竖缝不错位。

（3）游丁走缝主要是由丁砖游动所引起的，因此在砌筑时，必须强调丁压中，即丁砖的中线与下层顺砖的中线重合。

（4）在砌大面积清水墙（如山墙）时，在开始砌的几层砖中，沿墙角 1m 处，用线坠吊一次竖缝的垂直度，至少保持一步架高度有准确的垂直度。

（5）沿墙面每隔一定间距，在竖缝处弹墨线，墨线用经纬仪或线坠引测。当砌至一定高度（一步架或一层墙）后，将墨线向上引伸，以作为控制游丁走缝的基准。

二、石砌体工程

（一）石砌体工程质量控制

1. 材料质量要求

（1）石砌体所用石材应质地坚实，无风化剥落和裂纹。用于清水墙、柱表面的石材，应色泽均匀。毛石砌体中所用的毛石应呈块状，其中部厚度不小于 150mm，各种砌块用的料石宽度、厚度均不应小于 200mm，长度不应大于厚度的 4 倍。

（2）水泥、砂、砂浆的质量要求同砖砌体工程。

2. 施工过程质量控制

（1）石砌体采用的石材应质地坚实，无裂纹和无明显风化剥落；用于清水墙、柱表面的石材，尚应色泽均匀。

（2）石材表面的泥垢、水锈等杂质，砌筑前应清除干净。

（3）砌筑毛石基础的第一皮石块应坐浆，并将大面向下；砌筑料石基础的第一皮石块应用丁砌层坐浆砌筑。

（4）毛石砌体的第一皮及转角处、交接处和洞口处，应用较大的平毛石砌筑。每个楼层（包括基础）砌体的最上一皮，宜选用较大的毛石砌筑。

（5）毛石砌筑时，对石块间存在较大的缝隙，应先向缝内填灌砂浆并捣实，然后再用小石块嵌填，不得先填小石块后填灌砂浆，石块间不得出现无砂浆相互接触现象。

（6）砌筑毛石挡土墙应按分层高度砌筑，并应符合下列规定：

①每砌 3～4 皮为一个分层高度，每个分层高度应将顶层石块砌平。

②两个分层高度间分层处的错缝不得小于 80mm。

（7）料石挡土墙，当中间部用毛石砌筑时，丁砌料石伸入毛石部分的长度不应小于 200mm。

（8）毛石、毛料石、粗料石、细料石砌体灰缝厚度应均匀，灰缝厚度应符合下列规定：

①毛石砌体外露面的灰缝厚度不宜大于 40mm。

②毛料石和粗料石的灰缝厚度不宜大于 20mm。

③细料石的灰缝厚度不宜大于 5mm。

（9）挡土墙的泄水孔设计无规定时，施工应符合下列规定：

①泄水孔应均匀设置，在每米高度上间隔 2m 左右设置一个泄水孔。

②泄水孔与土体间铺设长宽各为 300mm、厚 200mm 的卵石或碎石做疏水层。

（10）挡土墙内侧回填土必须分层夯填，分层松土厚度宜为 300mm。墙顶土面应有适当的坡度使流水流向挡土墙外侧面。

（11）在毛石和实心砖的组合墙中，毛石砌体与砖砌体应同时砌筑，并每隔 4～6 皮砖用 2～3 皮丁砖与毛石砌体拉结砌合；两种砌体间的空隙应填实砂浆。

（12）毛石墙和砖墙相接的转角处和交接处应同时砌筑。转角处、交接处应自纵墙（或横墙）每隔 4～6 皮砖高度引出不小于 120mm 与横墙（或纵墙）相接。

（二）石砌体工程质量检验

1. 主控项目

（1）石材及砂浆强度等级必须符合设计要求

抽检数量：同一产地的同类石材抽检不应少于 1 组。砂浆试块每一检验批且不超过 250m³。砌体的各类、各强度等级的普通砌筑砂浆，每台搅拌机应至少抽检一次。验收批的预拌砂浆、蒸压加气混凝土砌块专业砂浆，抽检可分为 3 组。

检验方法：料石检查产品质量证明书，石材、砂浆检查试块试验报告。

（2）砌体灰缝的砂浆饱满度不应小于 80%

抽检数量：每检验批抽查不应少于 5 处。

检验方法：观察检查。

2. 一般项目

（1）石砌体尺寸、位置的允许偏差及检验方法应符合规定。

（2）石砌体的组砌形式应符合下列规定：

①内外搭砌，上下错缝，拉结石、丁砌石交错设置。

②毛石墙拉结石每 0.7 ㎡墙面不应少于 1 块。

检查数量：每检验批抽查不应少于 5 处。

检验方法：观察检查。

（三）工程质量通病及防治措施

1. 质量通病

墙体砌筑缺乏长石料或图省事、操作马虎，不设置拉结石或设置数量较少。这样易造成砌体拉结不牢，影响墙体的整体性和稳定性，降低砌体的承载力。

2. 防治措施

砌体必须设置拉结石，拉结石应均匀分布，相互错开，在立面上呈梅花形；毛石基础（墙）同皮内每隔 2m 左右设置一块；毛石墙一般每 0.7 ㎡墙面至少应设置一块，且同皮内的中距不应大于 2m。拉结石的长度，如墙厚小于或等于 400mm，应同厚；如墙厚大于 400mm，可用两块拉结石内外搭接，搭接长度不应小于 150mm，且其中一块长度不应小于墙厚的 2/3。

▌第五章　建设工程质量监督管理

第一节　建设工程质量监督管理概论

一、质量监督

（一）质量监督概念

质量监督是指根据国家法律、法规规定，对产品、工程、服务质量和企业保证质量所具备的条件进行监督检查的活动。

（二）质量监督的方针和工作原则

质量监督作为管理的职能之一，其方针原则既要符合客观规律的要求，又要体现管理目标、计划。

1.质量监督方针

质量监督方针是指质量监督活动的宗旨。主要有以下三条：

（1）为经济建设服务的方针。

（2）坚持公正科学监督的方针。

（3）坚持以规范、标准为依据，公正执法，站在维护国家、人民利益的立场，第三方公正的立场。

2.质量监督工作的原则

（1）统一管理与分级分工管理相结合的原则。

（2）对生产、施工和流通领域的产（商）品质量监督一齐抓的原则。

（3）突出重点、宽严适度的监督原则。

（4）质量监督检查后，要及时进行处理。

（三）质量监督的职能和作用

1. 质量监督职能

（1）预防职能

提前排除问题和潜在的危险，并弄清原因，采取措施，防止实现质量目标过程中出现大的失误。

（2）补救职能

排除产生质量缺陷的因素和弥补其后果。

（3）完善职能

发现和利用提高质量的现有潜力，为不断完善整个社会经济活动做出积极的贡献。

（4）参与解决职能

指导企业的生产检验工作，协助群众或社团参与质量监督活动，促进产品质量和企业管理水平的提高。

（5）评价职能

证实和评估取得的质量成果和存在的问题，以便给予奖惩或仲裁。

（6）情报职能

向决策部门提供制定决策所需要的质量信息。

（7）教育职能

宣传社会主义经济工作方针、原则和质量目标要求，提高全民的质量意识，推广正面的经验和吸取反面的教训。

2. 质量监督工作主要作用

（1）在经济活动中采取有力手段，对忽视质量、粗制滥造、以次充好，甚至弄虚作假、欺骗用户、损害消费者和国家的利益现象进行揭露曝光。质量监督就是发现和纠正这些危害质量的做法。

（2）是保证实现国民经济计划质量目标的重要措施。

（3）发展进出口贸易，提高我国出口产品质量，以提高我国产品在国际上的竞争能力；同时限制低劣商品进口，保障我国的经济权益。

（4）是维护消费者利益和保障人民权益的需要。

（5）是贯彻质量法规和技术标准，建立社会主义市场经济秩序的重要保证。

（6）是促进企业提高素质、健全质量体系的重要条件。

（7）是经济信息的重要渠道，是客观可信的质量信息源；发现技术标准本身的缺陷和不足，为修订标准和制定新标准以及改进标准化工作提供依据。

二、建设工程质量监督

（一）建设工程质量监督管理概念

工程质量监督管理是指主管部门依据有关法律法规和工程建设强制性标准，对工程实体质量和工程建设、勘察、设计、施工、监理单位（以下简称"工程质量责任主体"）和质量检测等单位的工程质量行为实施监督。

县级以上地方人民政府建设主管部门负责本行政区域内工程质量监督管理工作，具体工作可以由县级以上地方人民政府建设主管部门委托所属的工程质量监督机构实施。

（二）我国的建设工程质量监督事业现状

20多年来，我国的建设工程质量监督事业快速发展，取得了显著成绩：一是建立了多层次的、内容比较全面的工程质量法规制度体系；以有关勘察质量管理、施工图设计文件审查、竣工验收备案、质量检测、质量保修等部门规章和规范性文件的质量法律法规体系，为工程质量管理提供了有效的制度保障。二是建立了一支机构健全、结构合理的工程质量监督队伍。三是完善了覆盖全面、科学公正的工程质量监管体系。

三、监督机构应当具备的条件

1.人员数量由县级以上地方人民政府建设主管部门根据实际需要确定。监督人员应当占监督机构总人数的75%以上。

2.有固定的工作场所和满足工程质量监督检查工作需要的仪器、设备和工具等。

3.有健全的质量监督工作制度，具备与质量监督工作相适应的信息化管理条件。

四、主要工作内容

工程质量监督管理应当包括下列内容：

（一）执行法律法规和工程建设强制性标准的情况

1.对工程质量责任主体及质量检测单位执行有关法律法规和工程建设强制性标准的情况进行监督检查。

2.对工程项目采用的材料、设备是否符合强制性标准的规定实施监督检查。

3.对工程实体的质量是否符合强制性标准的规定实施监督检查。

（二）抽查涉及主体结构安全和主要使用功能的工程实体质量

1.对工程实体质量的监督采取抽查施工作业面的施工质量与对关键部位重点监督相

结合的方式。

2. 检查结构质量、环境质量和重要使用功能，其中重点监督检查工程基础、主体结构和其他涉及结构安全的关键部位。

3. 抽查涉及结构安全和使用功能的主要材料、构配件和设备的出厂合格证、试验报告、见证取样送检资料及结构实体检测报告。

4. 抽查结构混凝土及承重砌体施工过程的质量控制情况。

5. 实体质量检查要辅以必要的监督检测，由监督人员根据结构部位的重要程度及施工现场质量情况进行随机抽检。

6. 监督机构经监督检测发现工程质量不符合工程建设强制性标准或对工程质量有怀疑的，应责成有关单位委托有资质的检测单位进行检测。

（三）抽查工程质量责任主体和质量检测等单位的工程质量行为

1. 抽查责任主体和检测机构履行质量责任的情况。

2. 抽查责任主体和有关机构质量管理体系的建立和运行情况。

3. 发现存在违法违规行为的，按建设行政主管部门委托的权限对违法违规事实进行调查取证，对责任单位、责任人提出处罚建议或按委托权限实施行政处罚。

（四）抽查主要建筑材料、建筑构配件的质量

1. 检查材料和预制构件的外观质量、尺寸、性状、数量等。

2. 检查材料和预制构件的质量证明文件和进场验收、复试资料。

3. 检查材料和预制构件的性能是否符合设计要求。

4. 检查材料、构件的现场存放保管情况。

（五）对工程竣工验收进行监督

1. 对建设单位组织的工程竣工验收进行监督检查。

2. 在规定时间内完成工程质量监督报告，并提交备案管理机构。

（六）组织或者参与工程质量事故的调查处理

1. 负责该项目的监督工程师应将工程建设质量事故及时向质量监督机构负责人汇报并参与调查、收集和整理与事故有关的资料。

2. 质量监督机构将事故报告、处理方案、处理结果等有关资料整理好，存入监督档案。

（七）定期对本地区工程质量状况进行统计分析

1. 根据工程质量监督管理的需求，确定质量信息收集的类别和内容。

2. 用数据统计方法进行整理加工，为有关部门宏观控制管理提供依据。

（八）依法对违法违规行为实施处罚

1. 发现有影响工程质量的问题时，发出"责令整改通知单"，限期进行整改。

2. 对责任单位、责任人按建设行政主管部门的委托对违规违法行为进行调查取证和核实，提出处罚建议，报上级主管部门进行处罚。

3. 对责任单位、责任人按建设行政主管部门委托的权限实施行政处罚。

五、工程项目质量监督管理制度

（一）建设工程质量监督注册制度

1. 建设工程质量监督注册是指对新建、改建、扩建的房屋建筑和市政基础设施工程，建设单位在申领建设工程施工许可证前，应按规定向工程质量监督机构办理的工程质量监督注册手续。

2. 办理手续时应向监督机构提交"建设工程质量监督登记表"等相关表格，施工、监理中标通知书和施工、监理合同，施工图设计文件审查报告和批准书，施工组织设计和监理规划（监理实施细则）及其他文件资料。

3. "建设工程质量监督登记表"等相关表格由工程建设各责任主体填写并加盖公章。

4. 工程质量监督机构根据建设单位提交的"建设工程质量监督登记表"等相关表格，审核工程有关文件、资料，办理监督注册手续。

5. 工程质量监督注册手续办理完毕后，监督机构应将监督的工作要求，书面通知建设单位，开始实施质量监督工作。

6. 未办理工程质量监督注册手续的工程项目，不得进行施工。

（二）建设工程质量监督方案

建设工程质量监督方案是指监督机构针对工程项目的特点，根据有关法律法规和工程建设强制性标准编制的，对该工程实施质量监督活动的指导性文件。

1. 对一般工程，宜制订工程质量监督方案；对一些重点工程和政府投资的公共工程，工程质量监督工程师应制订重点工程质量监督方案。

2. 监督方案应根据受监工程的规模和特点、投资形式、责任主体和有关机构的质量信誉及质量保证能力、设计图纸以及有关文件而制订，并根据监督检查中发现问题的情况及时做出调整。

3. 在监督方案的编制中应明确以下几点：

（1）工程概况；

（2）监督人员配备；

（3）监督方式；

（4）重点监督检查的责任主体和有关机构质量行为；

（5）工程实体质量监督检查的重点部位（包括监督检测）；

（6）工程竣工验收的重点监督内容。

4. 监督方案由项目监督工程师编制，重点工程监督方案报监督机构负责人或技术负责人审定，一般工程监督方案报监督科室负责人审定。监督方案的主要内容应书面告知参建各方责任主体。

（三）建设工程质量监督交底

建设工程质量监督交底是工程质量监督机构根据相关法律、法规、规范、工程建设标准强制性条文、地方标准等文件而编制，发给工程项目参建各方责任主体，用以解决工程项目常见质量问题、防治质量通病、规范参建各方主体质量行为的交底通知。交底的主要内容包括：

1. 对工程参建各方主体质量行为监督的内容。

2. 对建设工程实体质量监督的方式、方法。

3. 工程竣工验收监督的要求。

4. 工程检测及原材料、半成品、构配件的检验要求。

5. 监督工作的主要职责。

6. 明确工程参建各方责任、义务及罚则。

（四）现场监督检查工作程序

1. 对责任主体和有关机构质量行为的监督

工程质量行为监督是指主管部门对工程质量责任主体和质量检测等单位履行法定质量责任和义务的情况实施监督。

（1）监督检查的责任主体和有关机构

①工程项目的建设单位；

②工程项目的勘察、设计单位；

③工程项目的施工单位；

④工程项目的监理单位；

⑤参与工程项目的质量检测机构；

⑥参与工程项目的施工图审查机构。

（2）监督检查责任主体和有关机构质量行为

施工质量控制过程既包含施工承包方的质量控制职能，也包含业主方、设计方、监理方、供应方及政府工程质量监督部门的控制职能，它们具有各自不同的地位、责任和作用。

①自控主体

施工承包方和供应方在施工阶段是质量自控的主体，它们不能因为监控主体的存在和监控责任的实施而减轻或免除其质量控制责任。

②监控主体

业主、监理、设计单位及政府工程质量监督部门，在施工阶段依据法律和合同对自控主体的质量行为和效果实施监督控制。

自控主体和监控主体在施工全过程中相互依存、各司其职，共同推动着施工质量控制过程的发展和最终工程质量目标的实现。

2. 工程实体质量监督

工程实体质量监督是指主管部门对涉及工程主体结构安全、主要使用功能的工程实体质量情况实施监督。

（1）监督机构对工程实体质量的监督应遵守如下规定

①对工程实体质量的监督采取抽查施工作业面的施工质量与对关键部位重点监督相结合的方式；

②重点检查结构质量、环境质量和重要使用功能，其中重点监督工程地基基础、主体结构和其他涉及结构安全的关键部位；

③抽查涉及结构安全和使用功能的主要材料、构配件和设备的出厂合格证、试验报告、见证取样送检资料及结构实体检测报告；

④抽查结构混凝土及承重砌体施工过程的质量控制情况；

⑤实体质量检查要辅以必要的监督检测，由监督人员根据结构部位的重要程度及施工现场质量情况进行随机抽检。

（2）监督机构对地基基础工程的验收以及抽查

①桩基、地基处理的施工质量及检测报告、验收记录、验槽记录；

②防水工程的材料和施工质量；

③地基基础子分部、分部工程的质量验收资料。

（3）监督机构对主体结构工程的验收以及抽查

①钢结构、混凝土结构等重要部位及有特殊要求部位的质量及隐蔽验收；

②混凝土、钢筋及砌体等工程关键部位，必要时进行现场监督检测；

③主体结构子分部、分部工程的质量验收资料。

（4）监督机构根据实际情况对有关装饰装修、建筑节能工程、安装工程的抽查

①幕墙工程、外墙粘（挂）饰面工程、大型灯具等涉及安全和使用功能的重点部位施工质量的监督抽查；

②建筑物的围护结构（含墙体、屋面、门窗、玻璃幕墙等）、供热采暖和制冷系统、照明和通风等电器设备的节能情况；

③安装工程使用功能的检测及试运行记录；

④工程的观感质量；

⑤分部（子分部）工程的施工质量验收资料。

（5）监督机构根据实际情况对有关工程使用功能和室内环境质量的抽查

①有环保要求材料的检测资料；

②室内环境质量检测报告；

③绝缘电阻、防雷接地及工作接地电阻的检测资料（必要时可进行现场测试）；

④屋面、外墙、卫生间和淋浴室等有防水要求的房间及卫生器具防渗漏试验的记录（必要时可进行现场抽查）；

⑤各种承压管道系统水压试验的检测资料。

（6）监督机构可对涉及结构安全、使用功能、关键部位的实体质量或材料进行监督检测，检测记录应列入质量监督报告。

（7）监督检测的项目和数量应根据工程的规模、结构形式、施工质量等因素确定。

（8）监督检测的项目

①承重结构混凝土强度；

②受力钢筋数量、位置及混凝土保护层厚度；

③现浇楼板厚度；

④砌体结构承重墙柱的砌筑砂浆强度；

⑤安装工程中涉及安全及功能的重要项目；

⑥钢结构的重要连接部位；

⑦节能保温材料与系统节能性能；

⑧其他需要检测的项目。

（9）监督机构经监督检测发现工程质量不符合工程建设强制性标准或对工程质量有怀疑的，应责成有关单位委托有资质的检测单位进行检测。

（五）对责任主体及有关机构违反规定的处理

1.发现有影响工程质量的问题时，发出"责令整改通知单"，限期进行整改。

2.对责任单位及责任人，按建设行政主管部门的委托，对违规违法行为进行调查取证和核实，提出处罚建议，报上级主管部门进行处罚。

3.对责任单位及责任人按建设行政主管部门委托的权限实施行政处罚。

（六）工程竣工验收监督

1.建设单位应当在工程竣工验收五个工作日前，将验收的时间、地点及验收组名单，书面通知负责监督该工程的工程质量监督机构。

2.质量监督机构在对建设工程竣工验收实施监督时，重点对工程竣工验收的组织形式、验收程序、执行验收规范和标准等情况实行监督，对违规行为责令改正，当参与各方对竣工验收结果达不成统一意见时进行协调。

3. 建设工程质量监督机构在对建设工程竣工验收实施监督时，应对工程实体质量进行抽测，对观感质量进行检查。

4. 竣工验收完毕后七个工作日内，监督机构向备案部门提交工程质量监督报告。

（七）工程质量监督报告

工程质量监督报告，是指监督机构在建设单位组织的工程竣工验收合格后向备案机关提交的，在监督检查（包括工程竣工验收监督）过程中形成的，评估各方责任主体和有关机构履行质量责任，执行工程建设强制性标准的情况以及工程是否符合备案条件的综合性文件。

1. 监督机构对符合施工验收标准的工程应在工程竣工验收合格后五个工作日内向备案部门提交工程质量监督报告。

2. 建设工程质量监督报告应由负责该项目的质量监督工程师编写，有关专业监督人员签认，工程质量监督机构负责人审查签字并加盖公章。

3. 工程质量监督报告应根据监督抽查情况，客观反映责任主体和有关机构履行质量责任的行为及工程实体质量的情况。

4. 工程质量监督报告内容

（1）工程概况和监督工作概况；

（2）对责任主体和有关机构质量行为及执行工程建设强制性标准的检查情况；

（3）工程实体质量监督抽查（包括监督检测）情况；

（4）工程质量技术档案和施工管理资料抽查情况；

（5）工程质量问题的整改和质量事故处理情况；

（6）各方质量责任主体及相关有资格人员的不良行为记录内容；

（7）工程质量竣工验收监督记录；

（8）对工程竣工验收备案的建议。

（八）混凝土预制构件及预拌混凝土质量监督检查程序

1. 抽查生产厂家主管部门颁发的资质证书。

2. 抽查生产厂家相应的生产设备、质量检查仪器、持证上岗人员等生产条件。

3. 检查混凝土生产企业实验室的设立情况，检测设备、检测人员是否齐全。

4. 抽查原材料，检查原材料是否符合有关标准的规定，是否按有关标准的规定进行检验、复试，存放留样是否符合要求。

5. 监督检查混凝土配合比是否符合有关标准及产品性能的要求。

6. 检查预拌混凝土的制备、运输及检测是否符合标准要求。

7. 监督检查有关制度及质量保证体系和落实情况。

8. 监督检查出厂产品质量及有关质量控制资料和质量检测数据。

（九）建设工程质量检测机构监督管理程序及内容

1. 省外注册的检测机构在省行政区域内承揽工程质量检测项目的，应到省建设行政主管部门进行备案，未经备案不得在省行政区域内承担检测业务。

2. 省建设行政主管部门所属的建设工程质量监督机构，负责对建设工程质量检测机构资质审批和备案的具体工作，对检测活动进行监督检查。设区的市、县（市）建设行政主管部门可委托其所属的工程质量监督机构负责对本行政区域内的建设工程质量检测活动实施监督管理。

3. 检测机构是具有独立法人资格的中介机构，应取得省级及以上技术质量监督机构计量认证证书及相应的资质证书。

4. 检测机构不得与行政机关，法律、法规授权的具有管理公共事务职能的组织以及所检测工程项目相关的设计单位、施工单位、监理单位有隶属关系或者其他利害关系，且不得转包检测业务。

5. 各级建设行政主管部门对检测机构的监督检查内容

（1）是否符合本办法规定的资质标准；

（2）是否超出资质范围从事质量检测活动；

（3）是否有涂改、倒卖、出租、出借或者以其他形式非法转让资质证书的行为；

（4）是否按规定在检测报告上签字盖章，检测报告是否真实；

（5）检测机构是否按有关技术标准和规定进行检测；

（6）仪器设备及环境条件是否符合计量认证要求；

（7）法律、法规规定的其他事项。

6. 建设主管部门实施监督检查时有权采取下列措施

（1）要求检测机构或者委托方提供相关的文件和资料；

（2）进入检测机构的工作场地（包括施工现场）进行抽查；

（3）组织进行比对试验以验证检测机构的检测能力；

（4）发现有不符合国家有关法律、法规和工程建设标准要求的检测行为时，责令改正。

7. 各级建设主管部门在监督检查中为收集证据的需要，可以对有关试样和检测资料采取抽样取证的方法；在证据可能灭失或者以后难以取得的情况下，经部门负责人批准，可以先行登记保存有关试样和检测资料，并应当在七日内及时做出处理决定，在此期间，当事人或者有关人员不得销毁或者转移有关试样和检测资料。

8. 各级建设主管部门重点检查下例具体违规行为

（1）超越从业资格项目范围从事检测工作；

（2）不按国家、省技术标准进行检测和严重违反操作规程；

（3）伪造检测数据、出具虚假检测报告；

（4）未按要求参加专业教育培训；

（5）其他违反国家和省有关规定的行为。

六、工程质量监督人员条件

监督人员应当具备下列条件：

1. 具有工程类专业大学专科以上学历或者工程类执业注册资格；

2. 具有三年以上工程质量管理或者设计、施工、监理等工作经历；

3. 熟悉掌握相关法律法规和工程建设强制性标准；

4. 具有一定的组织协调能力和良好的职业道德。

监督人员符合上述条件经考核合格后，方可从事工程质量监督工作。监督机构也可以聘请中级职称以上的工程类专业技术人员协助实施工程质量监督。

七、工程质量监督人员岗位职责

1. 监督人员应当具备一定的专业技术能力和监督执法知识，熟悉掌握国家有关的法律、法规和工程建设强制性标准，具有良好的职业道德。

2. 编制工程质量监督工作方案。

3. 负责对分管的受监工程参建各方质量行为的监督，收集、整理、填写受监工程责任主体和有关机构的质量信誉管理记录。

4. 对地基基础、主体结构等部位实施重点监督，对隐蔽工程进行监督检查；对涉及结构安全、使用功能、关键部位的实体质量或材料进行监督检测，并填写监督记录。

5. 下发质量整改、局部停工整改等通知书，按相关程序报批后实施。

6. 对建设各方责任主体及有关机构的违法违规行为进行调查取证和核实，提出处罚建议。

7. 参与工程质量事故的调查处理。

8. 依据国家工程质量验收规范，监督建设单位组织的工程竣工验收，审查组织形式、验收程序、参验人员资格、抽查质量评定文件和参与实体质量检查。

9. 负责质量监督报告的审查、审签，对内容真实性负责。

10. 负责受监工程监督档案的整理、审核及归档工作。

11. 完成领导交办的其他工作。

八、质量监督信息管理系统

各级建设工程质量信息系统的建立是关系到全面有效地开展质量信息工作的关键问题，是一项复杂而细致的工作，应该统筹规划、合理设计，从而为质量信息管理工作打下良好的基础。建立质量信息管理系统应注意以下几个原则：

1. 满足工程质量监督实际工作的需求。

2. 满足工程质量监督系统管理的需要。

3. 工程质量监督系统的信息管理要坚持经济可行和有效性。

4. 工程质量监督信息管理要逐步发展。

九、工程质量信息管理的职能

1. 提出并确定对信息的要求。

2. 实现信息的闭环管理。

3. 确定信息流程各环节的工作程序和要求。

4. 制定信息管理的规章制度。

5. 对信息工作人员进行培训。

6. 考核和评估信息工作的有效性。

十、建设工程质量监督信息的内容

在工程质量监督过程中，涉及的信息量大、面广，质量监督机构应当根据不同的要求，对相关工程质量监督信息进行收集。工程质量监督信息除国家和本地区有关工程质量的法律、法规、规范性文件和强制性标准外，主要还有以下几方面的内容：

1. 建设单位质量管理信息包括：规划许可证、施工许可证、施工图设计文件审查意见、工程竣工报告、土地使用证、规划、公安消防、环保等部门出具的认可文件或者准许使用的文件以及法规、规章规定的其他有关文件。

2. 勘察、设计单位质量信息包括：勘察、设计单位的资质等级证书，注册建筑师、注册结构工程师等注册执业人员的执业证书，勘察单位有关地质、测量、水文等勘察信息，设计单位有关初步设计、技术设计和施工图设计信息，在施工过程中的有关设计洽商和变更信息，设计单位对工程质量事故做出的技术处理方案等。

3. 施工单位质量信息包括：施工单位的资质等级证书，施工单位质量、技术管理负责人资格，建设单位与总承包单位合同书、总承包企业与分包企业的施工分包合同书，施工中的质量责任制，建立健全质量管理和质量保证体系信息，施工组织设计信息，施工技术资料信息，建筑材料、配构件、设备和商品混凝土的检验信息，建设工程质量检验和隐蔽工程检查记录，涉及结构安全的试块、试件以及有关材料进行检测的信息，不合格工程或质量事故信息，施工单位参加工程竣工验收资料，施工企业人员教育培训信息，施工企业建设工程鲁班奖、各级优质工程奖项信息等。

4. 监理单位质量信息包括：监理单位的资质证书，监理单位质量、技术负责人资格，建设单位与监理单位的合同书，施工阶段实施监理职责有关资料，驻施工现场监理负责人月报，工程质量记录、整改措施，工程竣工阶段资料等。

5.质量监督机构的信息包括：

（1）在监工程的质量监督机构的设置情况；

（2）质量监督机构负责人及质量监督员基本情况；

（3）在监督工程中质量监督人员对工程参建各方责任主体质量行为及对工程实体质量的监督意见；

（4）在工程抽查中，质量监督人员做的质量监督记录、工程质量整改通知书及企业整改情况；

（5）行政管辖区域内在建工程及主体、装饰阶段工程数量统计情况；

（6）对违反有关法律、法规、规范性文件和技术标准的，质量监督机构向建设行政主管部门提交的建议、行政处罚的报告；

（7）质量监督机构在工程竣工验收后，向建设行政主管部门提交的工程质量情况的报告；

（8）质量监督机构对用户关于工程质量低劣的单位和个人的投诉、控告、检举处理情况。

第二节　责任主体和有关机构质量行为监督

一、建设单位质量责任和义务

1.建设单位应将工程发包给具有相应资质等级的单位。建设单位不得将建设工程肢解发包。

建设单位发包工程时，应该根据工程特点，以有利于工程质量、进度、成本控制为原则，合理划分标段，不得肢解发包工程。肢解发包是指建设单位将应当由一个承包单位完成的建设工程分解成若干部分发包给不同的承包单位的行为。

2.建设单位应依法对工程建设项目的勘察、设计、施工、监理以及与工程建设有关的重要设备、材料等的采购进行招标。

招标采购包括公开招标和邀请招标。根据《中华人民共和国招标投标法》第三条的规定，在中华人民共和国境内进行下列工程建设项目的勘察、设计、施工、监理以及与工程建设有关的重要设备、材料等的采购，必须进行招标：

（1）大型基础设施、公用事业等关系社会公共利益、公众安全的项目；

（2）全部或者部分使用国有资金投资或者国家融资的项目；

（3）使用国际组织或者外国政府贷款、援助资金的项目。

3. 建设单位必须向有关的勘察、设计、施工、监理等单位提供与建设工程有关的原始资料。原始资料必须真实、准确、齐全。

建设单位作为建设活动的总负责方，向有关的勘察单位、设计单位、施工单位、工程监理单位提供原始资料，并保证这些资料的真实、准确、齐全，是其基本的责任和义务。一般情况下，建设单位根据委托任务必须向勘察单位提供如勘察任务书、项目规划总平面图、地下管线、地下构筑物、地形地貌等在内的基础资料，向设计单位提供政府有关部门批准的项目建设书、可行性研究报告等立项文件，设计任务，有关城市规划、专业规划设计条件，勘察成果及其他基础资料。

4. 建设工程发包单位不得迫使承包方以低于成本价格竞标，不得任意压缩合理工期。这里的合理工期是指在正常建设条件下，采取科学合理的施工工艺和管理方法，以现行的建设行政主管部门颁布的工期定额为基础，结合项目建设的具体情况而确定的使投资方、各参建单位均获得满意的经济效益的工期。

5. 建设单位不得明示或暗示设计单位或施工单位违反工程建设强制性标准。按照国家有关规定，保障建筑物结构安全和功能的标准大多数属强制性标准。这些强制性标准包括：

（1）工程建设勘察、规划、设计、施工（包括安装）及验收通用的综合标准和重要的通用质量标准；

（2）工程建设通用的有关安全、卫生和环境保护的标准；

（3）工程建设重要的通用术语、符号、代号、度量与单位、建筑模数和制图方法的标准；

（4）工程建设重要的通用试验、检验和评定方法等的标准；

（5）工程建设重要的通用信息技术标准；

（6）国家需要控制的其他工程建设通用的标准。

强制性标准是保证建设工程结构安全可靠的基础性要求，违反了这类标准，必然会给建设工程带来重大质量隐患。强制性标准以外的标准是推荐性标准，对于这类标准，甲乙双方可根据情况选用，并在合同中约定，一经约定，甲乙双方在勘察、设计、施工中也要严格执行。

6. 建设单位应当将施工图设计文件报县级以上人民政府建设行政主管部门或者其他有关部门审查。施工图设计文件未经审查批准的，不得使用。

施工图设计文件审查是基本建设的一项法定程序。建设单位必须在施工前将施工图设计文件送政府有关部门审查，未经审查或审查不合格的不准使用，否则，将追究建设单位的法律责任。

审查的主要内容为：

（1）建筑物的稳定性、安全性审查，包括地基基础和主体结构体系是否安全、可靠；

（2）是否符合消防、节能、环保、抗震、卫生、人防等有关强制性标准、规范；

（3）施工图是否能达到规定的设计深度要求；

（4）是否损害公众利益。

7. 实行监理的建设工程，建设单位应当委托具有相应资质等级的工程监理单位进行监理，也可以委托具有工程监理相应资质等级并与被监理工程的施工承包单位没有隶属关系或者其他利害关系的该工程的设计单位进行监理。

8. 建设单位在开工前应当依照规定，向工程所在地的县级以上人民政府建设行政主管部门申请领取施工许可证。必须申请领取施工许可证的建筑工程未取得施工许可证的，一律不得开工。

9. 建设单位在领取施工许可证或者开工报告之前，应当按照国家有关规定，到建设行政主管部门或国务院铁路、交通、水利等有关部门或其委托的建设工程质量监督机构或专业工程质量监督机构（简称工程质量监督机构）办理工程质量监督手续，接受政府部门的工程质量监督管理。

10. 按照合同约定，由建设单位采购建筑材料、建筑构配件和设备的，建设单位应当保证建筑材料、建筑构配件和设备符合设计文件和合同要求。建设单位不得明示或者暗示施工单位使用不合格的建筑材料、建筑构配件和设备。

11. 涉及建筑主体和承重结构变动的装修工程，建设单位应当在施工前委托原设计单位或者具有相应资质等级的设计单位提出设计方案；没有设计方案的，不得施工。

12. 建设单位收到建设工程竣工报告后，应当组织设计、施工、工程监理等有关单位进行竣工验收。建设工程经验收合格，方可交付使用。

13. 建设单位应按规定向建设行政主管部门委托的管理部门备案。

14. 建设单位应当严格按照国家有关档案管理的规定，及时收集、整理建设项目各环节的文件资料，建立、健全建设项目档案，并在建设工程竣工验收后，及时向建设行政主管部门或者其他有关部门移交建设项目档案。

二、房地产开发企业市场准入管理

根据《房地产开发企业资质管理规定》：一级资质的房地产开发企业承担房地产项目的建设规模不受限制，可以在全国范围承揽房地产开发项目；二级资质开发企业可承担 20 公顷以下的土地和建筑面积 25 万平方米以下的居住区以及与其投资能力相当的工业、商业等建设项目的开发建设，可以在全省范围承揽房地产开发项目；三级资质开发企业可承担建筑面积 15 万平方米以下的住宅区的土地、房屋以及与其投资能力相当的工业、商业等建设项目的开发建设，可以在全省范围承揽房地产开发项目；四级资质开发企业可承担建筑面积 10 万平方米以下的住宅区的土地、房屋以及与其投资能力相当的工业、商业等建设项目的开发建设，仅能在所在地城市范围承揽房地产开发项目。

三、建设单位质量不良行为记录

根据《建设工程质量责任主体和有关机构不良记录管理办法（试行）》，勘察、设计、施工、施工图审查、工程质量检测、监理等单位的不良记录应作为建设行政主管部门对其进行年检和资质评审的重要依据。其中建设单位对以下情况应予以记录：

1. 施工图设计文件应审查而未经审查批准，擅自施工的；设计文件在施工过程中有重大设计变更，未将变更后的施工图报原施工图审查机构进行审查并获批准，擅自施工的。

2. 采购的建筑材料、建筑构配件和设备不符合设计文件和合同要求的，明示或者暗示施工单位使用不合格的建筑材料、建筑构配件和设备的。

3. 明示或者暗示勘察、设计单位违反工程建设强制性标准，降低工程质量的。

4. 涉及建筑主体和承重结构变动的装修工程，没有经原设计单位或具有相应资质等级的设计单位提出设计方案，擅自施工的。

5. 其他影响建设工程质量的违法违规行为。

四、勘察企业市场准入及人员资格管理

工程勘察资质分为工程勘察综合资质、工程勘察专业资质、工程勘察劳务资质。工程勘察综合资质只设甲级；工程勘察专业资质设甲级、乙级，根据工程性质和技术特点，部分专业可以设丙级；工程勘察劳务资质不分等级。

国家对从事建设工程勘察活动的专业技术人员，实行执业资格注册管理制度。未经注册的建设工程勘察人员，不得以注册执业人员的名义从事建设工程勘察活动。

建设工程勘察注册执业人员和其他专业技术人员只能受聘于一个建设工程勘察单位；未受聘于建设工程勘察单位的，不得从事建设工程的勘察活动。

五、勘察单位质量责任和义务

1. 工程勘察企业必须依法取得工程勘察资质证书，并在资质等级许可的范围内承揽勘察业务。

工程勘察企业不得超越其资质等级许可的业务范围或者以其他勘察企业的名义承揽勘察业务，不得允许其他企业或者个人以本企业的名义承揽勘察业务，不得转包或者违法分包所承揽的勘察业务。

2. 工程勘察企业应当健全勘察质量管理体系和质量责任制度。

3. 工程勘察企业应当拒绝用户提出的违反国家有关规定的不合理要求，有权提出保证工程勘察质量所必需的现场工作条件和合理工期。

4. 工程勘察企业应当参与施工验槽，及时解决工程设计和施工中与勘察工作有关的问题。

5.工程勘察企业应当参与建设工程质量事故的分析，并对因勘察原因造成的质量事故，提出相应的技术处理方案。

6.工程勘察项目负责人、审核人、审定人及有关技术人员应当具有相应的技术职称或者注册资格。

7.项目负责人应当组织有关人员做好现场踏勘、调查，按照要求编写《勘察纲要》，并对勘察过程中各项作业资料进行验收和签字。

8.工程勘察企业的法定代表人、项目负责人、审核人、审定人等相关人员，应当在勘察文件上签字或者盖章，并对勘察质量负责。

工程勘察企业法定代表人对本企业勘察质量全面负责，项目负责人对项目的勘察文件负主要质量责任，项目审核人、审定人对其审核、审定项目的勘察文件负审核、审定的质量责任。

9.工程勘察工作的原始记录应当在勘察过程中及时整理、核对，确保取样、记录的真实和准确，严禁离开现场追记或者补记。

10.工程勘察企业应当确保仪器、设备的完好。钻探、取样的机具设备、原位测试、室内试验及测量仪器等应当符合有关规范、规程的要求。

11.工程勘察企业应当加强职工技术培训和职业道德教育，提高勘察人员的质量责任意识。观测员、试验员、记录员、机长等现场作业人员应当接受专业培训方可上岗。

12.工程勘察企业应当加强技术档案的管理工作。工程项目完成后，必须将全部资料分类编目，装订成册，归档保存。

六、勘察与设计单位质量不良行为记录

根据《建设工程质量责任主体和有关机构不良记录管理办法》，勘察、设计、施工、施工图审查、工程质量检测、监理等单位的不良记录应作为建设行政主管部门对其进行年检和资质评审的重要依据。其中勘察单位存在下列行为的，应予以记录：

1.未按照政府有关部门的批准文件要求进行勘察、设计的。

2.设计单位未根据勘察文件进行设计的。

3.未按照工程建设强制性标准进行勘察、设计的。

4.勘察、设计中采用可能影响工程质量和安全，且没有国家技术标准的新技术、新工艺、新材料，未按规定审定的。

5.勘察、设计文件没有责任人签字或者签字不全的。

6.勘察原始记录不按照规定进行记录或者记录不完整的。

7.勘察、设计文件在施工图审查批准前，经审查发现质量问题，进行一次以上修改的。

8.勘察、设计文件经施工图审查未获批准的。

9.勘察单位不参加施工验槽的。

10. 在竣工验收时未出具工程质量评估意见的。

11. 设计单位对经施工图审查批准的设计文件，在施工前拒绝向施工单位进行设计交底的；拒绝参与建设工程质量事故分析的。

12. 其他可能影响工程勘察、设计质量的违法违规行为。

七、设计单位企业市场准入及人员资格管理

（一）建设工程设计

建设工程设计是指根据建设工程的要求，对建设工程所需的技术、经济、资源、环境等条件进行综合分析、论证，编制建设工程设计文件的活动。从事建设工程设计活动，应当坚持先勘察、后设计、再施工的原则。

建设工程设计单位应当在其资质等级许可的范围内承揽建设工程设计业务。禁止建设工程设计单位超越其资质等级许可的范围或者以其他建设工程设计单位的名义承揽建设工程设计业务。禁止建设工程设计单位允许其他单位或者个人以本单位的名义承揽建设工程设计业务。

（二）资质分类

工程设计资质分为工程设计综合资质、工程设计行业资质、工程设计专业资质和工程设计专项资质。工程设计综合资质只设甲级，工程设计行业资质、工程设计专业资质和工程设计专项资质设甲级、乙级。根据工程性质和技术特点，个别行业、专业、专项资质可以设丙级，建筑工程专业资质可以设丁级。

取得工程设计综合资质的企业，可以承接各行业、各等级的建设工程设计业务；取得工程设计专项资质的企业，可以承接本专项相应等级的专项工程设计业务。

1. 工程设计综合资质

工程设计综合资质是指涵盖 21 个行业的设计资质。

2. 工程设计行业资质

工程设计行业资质是指涵盖某个行业资质标准中的全部设计类型的设计资质。

3. 工程设计专业资质

工程设计专业资质是指某个行业资质标准中的某一个专业的设计资质。

4. 工程设计专项资质

工程设计专项资质是指为适应和满足行业发展的需求，对已形成产业的专项技术独立进行设计以及设计、施工一体化而设立的资质。

建筑工程设计范围包括建设用地规划许可证范围内的建筑物、构筑物设计，室外工程设计，民用建筑修建的地下工程设计，住宅小区、工厂生活区和单体设计等，以及所

包含的相关专业的设计内容（总平面布置、竖向设计、各类管网管线设计、景观设计、室内外环境设计及建筑装饰、道路、消防、智能、安保、通信、防雷、人防、供配电、照明、废水治理、空调设施、抗震加固等设计）。

（三）人员资格要求

国家对从事建设工程设计活动的专业技术人员，实行执业资格注册管理制度。未经注册的建设工程设计人员，不得以注册执业人员的名义从事建设工程设计活动。建设工程设计注册执业人员和其他专业技术人员只能受聘于一个建设工程设计单位；未受聘于建设工程设计单位的，不得从事建设工程的设计活动。取得资格证书的人员，应受聘于一个具有建设工程勘察、设计、施工、监理、招标代理、造价咨询等一项或多项资质的单位，经注册后方可从事相应的执业活动。

八、设计单位资质证书管理规定

1. 从事建设工程勘察、设计活动的企业，申请资质升级、资质增项，在申请之日起前一年内有下列情形之一的，资质许可机关不予批准企业的资质升级申请和增项申请：企业相互串通投标或者与招标人串通投标承揽工程勘察、工程设计业务的，将承揽的工程勘察、工程设计业务转包或违法分包的，注册执业人员未按照规定在勘察设计文件上签字的，违反国家工程建设强制性标准的；出于勘察设计原因造成过重大生产安全事故的，设计单位未根据勘察成果文件进行工程设计的，设计单位违反规定指定建筑材料、建筑构配件的生产厂、供应商的，无工程勘察、工程设计资质或者超越资质等级范围承揽工程勘察、工程设计业务的，涂改、倒卖、出租、出借或者以其他形式非法转让资质证书的，允许其他单位、个人以本单位名义承揽建设工程勘察、设计业务的，其他违反法律、法规行为的。

2. 有下列情形之一的，资质许可机关或者其上级机关，根据利害关系人的请求或者依据职权，可以撤销工程勘察、工程设计资质：资质许可机关工作人员滥用职权、玩忽职守做出准予工程勘察、工程设计资质许可的，超越法定职权做出准予工程勘察、工程设计资质许可的，违反资质审批程序做出准予工程勘察、工程设计资质许可的，对不符合许可条件的申请人做出工程勘察、工程设计资质许可的，依法可以撤销资质证书的其他情形。

九、施工单位企业市场准入及人员资格管理

（一）施工企业市场准入管理

根据规定建筑业企业资质分为施工总承包、专业承包和劳务分包三个序列。施工总

承包资质企业，可以对工程实行施工总承包或者对主体工程实行施工承包。承担施工总承包的企业可以对所承接的工程全部自行施工，也可以将非主体工程或者劳务作业分包给具有相应专业承包资质或者劳务分包资质的其他建筑业企业。专业承包资质企业，可以承接施工总承包企业分包的专业工程或者建设单位按照规定发包的专业工程。专业承包企业可以对所承接的工程全部自行施工，也可以将劳务作业分包给具有相应劳务分包资质的劳务分包企业。劳务分包资质企业，可以承接施工总承包企业或者专业承包企业分包的劳务作业。

（二）项目经理资格管理

一级建造师可以承担特级、一级建筑业企业资质的建设工程项目施工的项目经理，二级建造师可以承担二级及以下建筑业企业资质的建设工程项目施工的项目经理。

十、施工单位质量责任和义务

1.施工单位应当依法取得相应等级的资质证书，并在其资质等级许可的范围内承揽工程。禁止施工单位超越本单位资质等级许可的业务范围或者以其他施工单位的名义承揽工程。

2.施工单位对建设工程的施工质量负责。施工单位应当建立质量责任制，确定工程项目的项目经理、技术负责人和施工管理负责人。建设工程实行总承包的，总承包单位应当对全部建设工程质量负责；建设工程勘察、设计、施工、设备采购的一项或者多项实行总承包的，总承包单位应当对其承包的建设工程或者采购的设备的质量负责。

3.总承包单位依法将建设工程分包给其他单位的，分包单位应当按照合同的约定对其分包工程的质量承担连带责任。

4.施工单位必须按照工程设计图纸和施工技术标准施工，不得擅自修改工程设计，不得偷工减料。施工单位在施工过程中发现设计文件和图纸有差错的，应当及时提出意见和建议。

5.施工单位必须按照工程设计要求、施工技术标准和合同约定，对建筑材料、建筑构配件、设备和商品混凝土进行检验，检验应当有书面记录和专人签字；未经检验和检验不合格的，不得使用。

6.施工单位必须建立健全施工质量的检验制度，严格工序管理，做好隐蔽工程的质量检查和记录。隐蔽工程在隐蔽前，施工单位应当通知建设单位和建设工程质量监督机构。

7.施工人员对涉及结构安全的试块、试件以及有关材料，应当在建设单位或者工程监理单位监督下现场取样，并送具有相应资质等级的质量检测单位进行检测。

8.施工人员对施工出现质量问题的建设工程或者竣工验收不合格的建设工程，应当负责返修。

9.施工单位应当建立健全教育培训制度，加强对职工的教育培训；未经培训或者考核不合格的人员，不得上岗作业。

十一、施工单位质量不良行为记录

根据《建设工程质量责任主体和有关机构不良记录管理办法（试行）》，勘察、设计、施工、施工图审查、工程质量检测、监理等单位的不良记录应作为建设行政主管部门对其进行年检和资质评审的重要依据。其中施工单位以下情况应予以记录：

1.未按照经审查批准的施工图或施工技术标准施工的。

2.未按规定对建筑材料、建筑构配件、设备和商品混凝土进行检验，或检验不合格，擅自使用的。

3.未按规定对隐蔽工程的质量进行检查和记录的。

4.未按规定对涉及结构安全的试块、试件以及有关材料进行现场取样，未按规定送交工程质量检测机构进行检测的。

5.未经监理工程师签字，进入下一道工序施工的。

6.施工人员未按规定接受教育培训、考核，或者培训、考核不合格，擅自上岗作业的。

7.施工期间，因为质量问题被责令停工的。

8.其他可能影响施工质量的违法、违规行为。

十二、监理单位企业市场准入及人员资格管理

（一）监理企业市场准入管理

综合资质企业可以承担所有专业工程类别建设工程项目的工程监理业务。房屋建筑工程专业甲级资质企业可承担房屋建筑工程类别所有建设工程项目的工程监理业务。房屋建筑工程专业乙级资质企业可承担房屋建筑工程类别二级以下（含二级）建设工程项目的工程监理业务。房屋建筑工程专业丙级资质企业可承担相应房屋建筑工程三级建设工程项目的工程监理业务。事务所资质企业可承担三级建设工程项目的工程监理业务，但是，国家规定必须实行强制监理的工程除外。

（二）监理企业人员资格管理

工程监理实行项目总监负责制，项目总监理工程师必须取得国家监理工程师执业注册证书，必须具有三年以上同类工程监理经验，经企业法人书面授权，对具体项目的监理工作负全部责任。

专业监理工程师必须取得国家监理工程师执业注册证书，具有一年以上同类工程监理工作经验。专业监理工程师和监理员不得同时在两个及以上工程项目从事监理工作。

监理人员要有强烈的责任心和责任感，工程实施阶段，专业监理工程师和监理员必须常驻施工现场，坚守工作岗位，严格按照监理工作程序客观、公正地履行监理职责。凡需要监理方签字的各类文件、表格、资料，项目总监或专业监理工程师在根据职责权限签字认可的同时，必须加盖本人执业印章，不得由监理员代签。

十三、监理单位质量责任和义务

监理单位对施工质量承担监理责任，主要有违法责任和违约责任两方面。如果监理单位故意弄虚作假，降低工程质量标准，造成质量事故的，承担相应的法律责任。如果监理单位在责任期内，不按照监理合同约定履行监理职责，给建设单位或其他单位造成损失的，属违约责任，应当向建设单位赔偿。

1. 工程监理单位应当依法取得相应等级的资质证书，并在其资质等级许可的范围内承担工程监理业务。禁止工程监理单位超越本单位资质等级许可的范围或者以其他工程监理单位的名义承担工程监理业务，禁止工程监理单位允许其他单位或者个人以本单位的名义承担工程监理业务。工程监理单位不得转让工程监理业务。

2. 工程监理单位应客观、公正地执行监理任务。监理单位必须实事求是，遵循客观规律，按工程建设的科学要求进行监理活动。

3. 由于工程监理单位与被监理工程的承包单位以及建筑材料、建筑构配件和设备供应单位之间是一种监督与被监督的关系，为了保证工程监理单位能客观、公正地执行监理任务，工程监理单位不得与被监理工程的承包单位以及建筑材料、建筑构配件和设备供应单位有隶属关系或者其他利害关系。

4. 工程监理单位应当依照法律、法规以及有关技术标准、设计文件和建设工程承包合同，代表建设单位对施工质量实施监理，并对施工质量承担监理责任。

5. 工程监理单位应当选派具有相应资格的总监理工程师进驻施工现场。未经监理工程师签字，建筑材料、建筑构配件、设备不得在工程上使用或者安装，施工单位不得进行下一道工序的施工。

6. 监理工程师应当按照工程监理规范，采取旁站、巡视和平行检验等形式，对建设工程实施监理。所谓"旁站"，是指对工程施工中有关地基和结构安全的关键工序和关键施工过程，进行连续不断的监督检查或检验的监理活动，有时甚至连续跟班监理。"巡视"主要是强调除了关键点的质量控制外，监理工程师还应对施工现场进行面上的巡查监理。"平行检验"主要是强调监理单位对施工单位已经检验的工程及时进行检验。

7. 工程监理单位必须全面、正确地履行监理合同约定的监理义务，对应当监督检查的项目认真、全面地按规定进行检查，发现问题及时要求施工单位改正。工程监理单位不按照委托监理合同的约定履行监理义务，对应当监督检查的项目不检查或者不按规定检查，给建设单位造成损失的，应当承担相应赔偿责任。

十四、监理单位质量不良行为记录

根据《建设工程质量责任主体和有关机构不良记录管理办法（试行）》，勘察、设计、施工、施工图审查、工程质量检测、监理等单位的不良记录应作为建设行政主管部门对其进行年检和资质评审的重要依据。其中监理单位以下情况应予以记录：

1. 未按规定选派具有相应资格的总监理工程师和监理工程师进驻施工现场的。

2. 监理工程师和总监理工程师未按规定进行签字的。

3. 监理工程师未按规定采取旁站、巡视和平行检验等形式进行监理的。

4. 未按法律、法规以及有关技术标准和建设工程承包合同对施工质量实施监理的。

5. 未按经施工图审查批准的设计文件以及经施工图审查批准的设计变更文件对施工质量实施监理的。

6. 在竣工验收时未出具工程质量评估报告的。

7. 其他可能影响监理质量的违法、违规行为。

十五、施工图审查机构市场准入及人员资格管理

施工图审查，是指建设主管部门认定的施工图审查机构（以下简称"审查机构"）按照有关法律、法规，对施工图涉及公共利益、公众安全和工程建设强制性标准的内容进行的审查。施工图未经审查合格的，不得使用。

十六、施工图审查机构质量责任和义务

1. 建设单位应当将施工图送审查机构审查。建设单位可以自主选择审查机构，但是审查机构不得与所审查项目的建设单位、勘察设计企业有隶属关系或者其他利害关系。

2. 县级以上人民政府建设主管部门应当加强对审查机构的监督检查，主要检查下列内容：是否符合规定的条件，是否超出认定的范围从事施工图审查，是否使用不符合条件的审查人员，是否按规定上报审查过程中发现的违法、违规行为，是否按规定在审查合格书和施工图上签字盖章，施工图审查质量，审查人员的培训情况。

3. 施工图审查机构违反本办法规定，有下列行为之一的，县级以上地方人民政府建设主管部门责令改正，处1万元以上3万元以下罚款；情节严重的，省、自治区、直辖市人民政府建设主管部门撤销对审查机构的认定：超出认定的范围从事施工图审查的，使用不符合条件审查人员的，未按规定上报审查过程中发现的违法违规行为的，未按规定在审查合格书和施工图上签字盖章的，未按规定的审查内容进行审查的。

十七、施工图审查机构质量不良行为记录

根据《建设工程质量责任主体和有关机构不良记录管理办法（试行）》，勘察、设计、施工、施工图审查、工程质量检测、监理等单位的不良记录应作为建设行政主管部门对其进行年检和资质评审的重要依据。其中施工图审查机构以下情况应予以记录：

1. 未经建设行政主管部门核准备案，擅自从事施工图审查业务活动的。

2. 超越核准的等级和范围从事施工图审查业务活动的。

3. 未按国家规定的审查内容进行审查，存在错审、漏审的。

4. 其他可能影响审查质量的违法、违规行为。

十八、检测机构市场准入及人员资格管理

建设工程质量检测是指工程质量检测机构接受委托，依据国家有关法律、法规和工程建设强制性标准，对涉及结构安全项目的抽样检测和对进入施工现场的建筑材料、构配件的见证取样检测，检测机构是具有独立法人资格的中介机构。

十九、检测机构质量责任和义务

1. 任何单位和个人不得涂改、倒卖、出租、出借或者以其他形式非法转让资质证书。

2. 《建设工程质量检测管理办法》中规定的质量检测业务，由工程项目建设单位委托具有相应资质的检测机构进行检测。委托方与被委托方应当签订书面合同。

3. 检测结果利害关系人对检测结果发生争议的，由双方共同认可的检测机构复检，复检结果由提出复检方报当地建设主管部门备案。

4. 质量检测试样的取样应当严格执行有关工程建设标准和国家有关规定，在建设单位或者工程监理单位监督下现场取样。提供质量检测试样的单位和个人，应当对试样的真实性负责。

5. 检测机构完成检测业务后，应当及时出具检测报告。检测报告经检测人员签字、检测机构法定代表人或者其授权的签字人签署，并加盖检测机构公章或者检测专用章后方可生效。

6. 任何单位和个人不得明示或者暗示检测机构出具虚假检测报告，不得篡改或者伪造检测报告。

7. 检测人员不得同时受聘于两个或者两个以上的检测机构。

8. 检测机构和检测人员不得推荐或者监制建筑材料、构配件和设备。

9. 检测机构不得与行政机关，法律、法规授权的具有管理公共事务职能的组织以及所检测工程项目相关的设计单位、施工单位、监理单位有隶属关系或者其他利害关系。

10. 检测机构不得转包检测业务。

11. 检测机构跨省、自治区、直辖市承担检测业务的，应当向工程所在地的省、自治区、直辖市人民政府建设主管部门备案。

12. 检测机构应当对其检测数据和检测报告的真实性和准确性负责。

13. 检测机构违反法律、法规和工程建设强制性标准，给他人造成损失的，应当依法承担相应的赔偿责任。

14. 检测机构应当将检测过程中发现的建设单位、监理单位、施工单位违反有关法律、法规和工程建设强制性标准的情况，以及涉及结构安全检测结果的不合格情况，及时报告工程所在地建设主管部门。

15. 检测机构应当建立档案管理制度。检测合同、委托单、原始记录、检测报告应当按年度统一编号，编号应当连续，不得随意抽撤、涂改。

16. 检测机构应当单独建立检测结果不合格项目台账。

17. 检测机构在资质证书有效期内有下列行为之一的，原审批机关不予延期：超出资质范围从事检测活动的子转包检测业务的；涂改、倒卖、出租、出借或者以其他形式非法转让资质证书的；未按照国家有关工程建设强制性标准进行检测，造成质量安全事故或致使事故损失扩大的；伪造检测数据，出具虚假检测报告或者鉴定结论的。

二十、质量检测机构质量不良行为记录

根据《建设工程质量责任主体和有关机构不良记录管理办法（试行）》，勘察、设计、施工、施工图审查、工程质量检测、监理等单位的不良记录应作为建设行政主管部门对其进行年检和资质评审的重要依据。其中工程质量检测机构以下情况应予以记录：

1. 未经批准擅自从事工程质量检测业务活动的。

2. 超越核准的检测业务范围从事工程质量检测业务活动的。

3. 出具虚假报告，以及检测报告数据和检测结论与实测数据严重不符的。

4. 其他可能影响检测质量的违法、违规行为。

第三节 工程质量投诉及事故的处理

一、建设工程质量投诉的概念

（一）工程质量投诉的概念

工程质量投诉是指公民、法人和其他组织通过信函、电话、来访等形式反映工程质

量问题的活动。

（二）工程质量投诉的范围

凡是新建、改建和扩建的建设工程，在建设过程中和保修期内发生的工程质量问题均属投诉范围。

对超过保修期，在使用过程中发生的工程质量问题由产权单位或有关部门进行处理。

二、当前工程质量投诉增加的主要原因

随着城市建设的不断发展，各个城市的工程建设规模急剧增加，其中以开发性质的商品房成为建设的主导，在商品住宅已成为广大城市居民主要居住来源时随之而来的工程质量投诉事件也逐年上升，究其原因主要有以下几方面：

1. 近年来，随着经济社会发展和人们生活水平的提高，人民群众对住宅工程质量有了更高的期望，公民自我维权意识和知识水平的提升是造成工程质量投诉事件居高不下的主要原因。

2. 工程存在质量问题，而工程责任方法律意识淡薄，服务意识差，推诿扯皮，致使用户反映的质量问题难以解决而形成向政府投诉。主要集中在两方面：一是施工单位不能按照保修合同要求认真履行保修义务，致使一些质量问题在保修期内不能得到及时解决；二是开发企业对所投诉的质量问题不重视，不负责任，对投诉者态度生硬，未及时组织处理住户反映的质量问题，这是造成质量投诉的重要原因。

3. 工程建设的整体管理水平不能适应建设规模快速增加的要求，影响了住宅工程质量。一是建设规模的快速增加对建设、施工、监理等质量技术管理人员的需求加大，导致技术性人才缺失。二是在以市场经济为主体的工程建设领域，专业质量技术管理人员的流动性相对较大，人员流动频繁在中小型的开发、施工、监理等企业内部表现得尤为突出，这部分人员在一定程度上很难树立较强的质量责任意识，在行动上也很难履行自己的职责，从而也影响了企业管理水平的上升。三是工程建设规模的急剧增大，竞争的加剧促使开发、施工、监理等企业，特别是部分中小型企业往往以产值和利润最大化为发展的目标，而忽视了内部质量管理制度的建设和管理水平的提高。四是大量新技术、新材料、新工艺的推广应用和精装修成品房的逐步涌现，在施工队伍素质和施工过程控制方面的矛盾逐渐扩大，出现了一些新的质量通病。因此，在一定程度上制约了工程质量的提升。

4. 目前，作为不同开发企业决策管理层的主导意识差别较大，部分开发商受利益驱使，盲目追求利润最大化，丧失社会责任，置百姓利益于不顾。如随意要求设计单位降低设计的标准，选材低档；为降低投入，选择资质级别低、管理水平差的施工、监理企业；施工过程中随意肢解工程，特别是防水、门窗等易出问题的分项工程。

5. 商品住宅成为现代城市家庭的必需品，同时也是家庭最为昂贵的一件商品，住宅质量投诉与日俱增的原因也就不言而喻了。

三、工程质量投诉的主要内容

1. 住宅工程质量通病居质量投诉之首

主要表现在屋面、门窗、墙体和有防水要求的房间渗漏，给排水及采暖管道的渗漏，填充墙局部裂缝，砖混结构的顶层端户墙体的温度裂缝，排水管道、抽气（烟道）的堵塞等，这方面的投诉占总体投诉量的 60% 以上。

2. 影响结构安全的结构性裂缝

主要表现在砖混结构中的墙体沉降裂缝，现浇梁、板出现的贯通裂缝等，这些问题虽然投诉数量少，但是处理解决难度较大。

3. 影响工程观感质量方面的投诉

主要表现：装饰装修材料质量差，如采用的墙、地砖表面面层缺损，金属管道返锈，室内墙面、顶棚涂料面层泛碱、起皮、裂纹、发霉，门窗安装不正等。

4. 室内空间尺寸达不到设计和规范规定

主要表现在室内房间不方正，局部轴线位移过大，室内净高均匀程度差。这些问题的投诉处理难度较大，必须严格住宅工程质量分户验收的落实。

5. 因质量问题造成的经济损失

在质量投诉的案例中还有个别案例，因房屋漏水、工程维修等造成住户一定的经济损失而又未得到解决导致的投诉。

四、工程质量投诉的受理

（一）工程质量投诉处理的依据

处理工程质量投诉必须依照国家的有关法律法规、规范性标准、文件及地方性标准和规定认真开展质量投诉的处理工作。

（二）工程质量投诉的处理原则

工程质量投诉处理工作应当在各级建设行政主管部门的领导下，坚持分级负责、归口管理，及时、就地依法解决的原则。对于投诉的质量问题，要本着实事求是的原则，对合理的要求，要及时妥善处理；暂时解决不了的，要向投诉人做出解释，并责成工程质量责任方限期解决；对不合理的要求，要做出说明，经说明后仍坚持无理要求的，应给予批评教育。

（三）工程质量投诉受理登记

投诉处理机构对于投诉的信函要做好登记；对以电话、来访等形式的投诉，承办人员在接待时，要认真听取陈述意见，做好详细记录并进行登记。

投诉处理机构在接受用户投诉时应注意以下事项：该质量投诉应属于质量投诉的范围，且未超出当地建设行政主管部门授权处理的范围。对于不符合以上条件的质量投诉，处理机构应向投诉人解释说明不予受理的原因，依照规定向投诉人指出正确的解决或维权渠道。

（四）质量投诉问题的处理

1. 质量投诉问题的调查

投诉处理机构受理投诉后两个工作日内应明确投诉处理承办人员，承办人应在受理投诉后五个工作日内督促建设单位组织施工、监理等有关人员会同投诉人进行现场核实投诉问题，初步分析工程质量问题产生的原因，核实情况形成书面记录。

2. 质量投诉问题的处理

（1）调查情况核实后，对于事实清楚、责任明确、维修简便的一般性质量问题，承办人应向建设单位（房产开发企业）下达《质量投诉督办处理通知书》，明确维修要求和时限。

（2）承办人在收到建设单位的书面处理意见或方案后应及时向投诉处理机构负责人报告，投诉机构负责人同意认可后及时向建设单位下发书面通知，明确质量问题的办结时限。

（3）投诉人对投诉问题的责任认定或处理方案不认可或拒绝配合的，承办人应积极组织当事双方进行协商，经协商无果的，承办人应书面告知当事一方或双方可提请诉讼。

3. 质量投诉的结案

质量投诉问题处理完毕后，建设单位（房产开发企业）将投诉质量问题的处理情况和结果形成书面报告经投诉人确认后报投诉处理机构，以此作为工程质量投诉结案的依据。承办人应及时整理与投诉相关的各种材料（含影像证明资料），并予以归档备查。

（五）上级建设行政主管部门转办的质量投诉的处理

对于建设部或省级质量投诉处理机构转办各地区、各部门处理的工程质量投诉材料，各地区、各部门的投诉处理机构应在三个月（或限定时限）内将调查和处理情况报建设部或省级质量投诉处理机构。

五、工程质量事故的概念

工程质量事故，是指由于建设、勘察、设计、施工、监理等单位违反工程质量有关法律法规和工程建设标准，使工程产生结构安全、重要使用功能等方面的质量缺陷，造成人身伤亡或者重大经济损失的事故。

六、质量事故的特点及分类

由于工程质量事故具有复杂性、严重性、可变性和多发性的特点，所以建设工程质量事故的分类有多种方法，但一般可按以下条件进行分类：

1. 按事故损失分类

根据工程质量事故造成的人员伤亡或者直接经济损失，工程质量事故分为四个等级：

（1）特别重大事故是指造成 30 人以上死亡，或者 100 人以上重伤，或者 1 亿元以上直接经济损失的事故。

（2）重大事故是指造成 10 人以上 30 人以下死亡，或者 50 人以上 100 人以下重伤，或者 5 000 万元以上 1 亿元以下直接经济损失的事故。

（3）较大事故是指造成 3 人以上 10 人以下死亡，或者 10 人以上 50 人以下重伤，或者 1 000 万元以上 5 000 万元以下直接经济损失的事故。

（4）一般事故是指造成 3 人以下死亡，或者 10 人以下重伤，或者 100 万元以上 1 000 万元以下直接经济损失的事故。

注："以上"包括本数，"以下"不包括本数。

2. 按事故责任分类

（1）指导责任事故

由于工程实施指导或领导失误而造成的质量事故。例如，由于工程负责人片面追求施工进度，放松或不按质量标准进行控制和检验，降低施工质量标准等。

（2）操作责任事故

在施工过程中，由于实施操作者不按规程和标准实施操作，而造成的质量事故。例如，浇筑混凝土时随意加水、混凝土拌和物出现离析现象仍浇筑入模等。

3. 按质量事故产生的原因分类

（1）技术原因引发的质量事故

技术原因引发的质量事故是指在工程项目实施中由于设计、施工在技术上的失误而造成的质量事故。

（2）管理原因引发的质量事故

管理上的不完善或失误引发的质量事故。例如，施工单位或监理单位的质量体系不完善、检验制度不严密、质量控制不严格、质量管理措施落实不力、进料检验不严等原因引起的质量问题。

（3）社会、经济原因引发的质量事故

由于经济因素及社会上存在的弊端和不正之风引起建设中的错误行为，而导致出现质量事故。

七、工程质量事故的报告与调查

（一）工程质量事故的报告

1. 工程质量事故发生后，事故现场有关人员应当立即向工程建设单位负责人报告；工程建设单位负责人接到报告后，应于一小时内向事故发生地县级以上人民政府住房和城乡建设主管部门及有关部门报告。

情况紧急时，事故现场有关人员可直接向事故发生地县级以上人民政府住房和城乡建设主管部门报告。

2. 住房和城乡建设主管部门接到事故报告后，应当依照下列规定上报事故情况，并同时通知公安、监察机关等有关部门：

（1）较大、重大及特别重大事故逐级上报至国务院住房和城乡建设主管部门，一般事故逐级上报至省级人民政府住房和城乡建设主管部门，必要时可以越级上报事故情况。

（2）住房和城乡建设主管部门上报事故情况，应当同时报告本级人民政府；国务院住房和城乡建设主管部门接到重大和特别重大事故的报告后，应当立即报告国务院。

（3）住房和城乡建设主管部门逐级上报事故情况时，每级上报时间不得超过两小时。

3. 事故报告包括的内容

（1）事故发生的时间、地点、工程项目名称、工程各参建单位名称；

（2）事故发生的简要经过、伤亡人数（包括下落不明的人数）和初步估计的直接经济损失；

（3）事故的初步原因；

（4）事故发生后采取的措施及事故控制情况；

（5）事故报告单位、联系人及联系方式；

（6）其他应当报告的情况。

4. 事故现场保护

事故发生后，事故发生单位和事故发生地的建设行政主管部门，应当严格保护事故现场，采取有效措施抢救人员和财产，防止事故扩大。

（二）工程质量事故的调查

工程质量事故的调查工作，必须坚持实事求是、尊重科学的原则。

1. 事故调查组的职责

住房和城乡建设主管部门应当按照有关人民政府的授权或委托，组织或参与事故调查组对事故进行调查，并履行下列职责：

（1）核实事故基本情况，包括事故发生的经过、人员伤亡情况及直接经济损失；

（2）核查事故项目基本情况，包括项目履行法定建设程序情况、工程各参建单位履行职责的情况；

（3）依据国家有关法律法规和工程建设标准分析事故的直接原因和间接原因，必要时组织对事故项目进行检测鉴定和专家技术论证；

（4）认定事故的性质和事故责任；

（5）依照国家有关法律法规提出对事故责任单位和责任人员的处理建议；

（6）总结事故教训，提出防范和整改措施；

（7）提交事故调查报告。

2.事故调查报告

（1）事故项目及各参建单位概况；

（2）事故发生经过和事故救援情况；

（3）事故造成的人员伤亡和直接经济损失；

（4）事故项目有关质量检测报告和技术分析报告；

（5）事故发生的原因和事故性质；

（6）事故责任的认定和事故责任者的处理建议；

（7）事故防范和整改措施。

事故调查报告应当附具有关证据材料。事故调查组成员应当在事故调查报告上签名。

3.事故调查的分级管理

（1）事故发生地住房和城乡建设主管部门接到事故报告后，其负责人应立即赶赴事故现场，组织事故救援。

发生一般及以上事故，或者领导有批示要求的，设区的市级住房和城乡建设主管部门应派员赶赴现场了解事故有关情况。

发生较大及以上事故，或者领导有批示要求的，省级住房和城乡建设主管部门应派员赶赴现场了解事故有关情况。

发生重大及以上事故，或者领导有批示要求的，国务院住房和城乡建设主管部门应根据相关规定派员赶赴现场了解事故有关情况。

（2）没有造成人员伤亡，直接经济损失没有达到100万元，但是社会影响恶劣的工程质量问题，参照有关规定执行。

八、工程质量事故原因分析

（一）常见的工程质量事故发生的原因

1. 违背基本建设法规

（1）违反基本建设程序

基本建设程序是工程项目建设过程及其客观规律的反映，但有些工程不按基建程序办事，例如未做好调查分析就拍板定案；未搞清地质情况就仓促开工；边设计，边施工；不经竣工验收就交付使用等若干现象，致使不少工程项目留有严重隐患，房屋倒塌也可能发生，它常是导致重大工程质量事故的重要原因。

（2）违反有关法律法规和工程合同的规定

例如：无证设计，无资质队伍施工，越级设计，越级施工，工程招、投标中的不公平竞争，超常的低价中标，施工图设计文件未按规定进行审查，施工单位擅自转包、层层分包，施工单位擅自修改设计、不按设计图施工等。

2. 地质勘察原因

未认真进行地质勘察或勘察时钻探深度、间距、范围不符合规定要求，地质勘察报告不详细、不准确、不能全面反映实际的地基情况等，从而使得地下情况不清，或对基岩起伏、土层分布误判，或未查清地下软土层、滑坡、墓穴、孔洞等地质构造，或对场地土类别判断错误、地下水位评价不清等。这些均会导致采用不恰当或错误的基础方案，造成地基不均匀沉降、失稳，使上部结构或墙体开裂、破坏，或引发建筑物倾斜、倒塌等质量事故。

3. 对不均匀地基处理不当

对软弱土、冲填土、杂填土、膨胀土、大孔性土、红黏土、熔岩、土洞、岩层出露等不均匀地基未进行处理或处理不当，均是导致重大质量事故的原因。必须根据不同地基的工程特性，按照地基处理应与上部结构相结合，使其共同工作的原则，从地基处理、设计措施、结构措施、防水措施、施工措施等方面综合考虑，加以治理。

4. 设计问题

诸如盲目套用图纸，设计不周，结构构造不合理，采用不正确的设计方案，计算简图与实际受力情况不符，荷载取值过小，内力分析有误，沉降缝或变形缝设置不当，悬挑结构未进行抗倾覆验算，沉降无要求、无计算，以及计算错误等，都是引发质量事故的隐患。

5. 建筑材料及制品不合格

诸如钢筋物理力学性能不良会导致钢筋混凝土结构产生裂缝或脆性破坏；骨料中活性氧化硅会导致碱骨料反应使混凝土产生裂缝；水泥安定性不良会造成混凝土爆裂；水泥受潮、过期、结块，砂、泥块含量及有害物质含量、外加剂掺量等不符合要求时，会影响混凝土强度、和易性、密实性和抗渗性，从而导致混凝土结构承载力不足、裂缝、渗漏、蜂窝等质量事故。

6. 施工管理问题

（1）未经设计单位同意，擅自修改设计，偷工减料或不按图施工。例如：将铰接做成刚接，将简支梁做成连续梁；用光圆钢筋代替变形钢筋，导致结构破坏；挡土墙不按图设滤水层、排水孔，导致压力增大，墙体破坏或倾覆。

（2）图纸未经会审，仓促施工，或不熟悉图纸，盲目施工。

（3）不按有关的施工规范或操作规程施工，例如浇筑混凝土时不按规定的位置和方法任意留置施工缝，不按规定分层浇筑、振捣致使混凝土结构整体性差、不密实，出现蜂窝、孔洞和烂根，不按规定的强度拆除模板；砖砌体包心砌筑、上下通缝，灰浆不均匀、不饱满均能导致砖墙或砖柱破坏。

（4）缺乏结构工程基础知识，不懂装懂，蛮干施工，例如将钢筋混凝土预制梁倒置吊装、将悬挑结构钢筋放在受压区等均将导致结构破坏，造成严重后果。

（5）管理紊乱，施工方案考虑不周，施工顺序混乱、错误，技术交底不清，违章作业，疏于检查、验收等，施工中在楼面上超载堆放构件和材料等，均将给质量和安全造成严重后果。

7. 自然条件影响

施工项目周期长，露天作业多，受自然条件影响较大，空气温度、湿度、暴雨、风、浪、洪水、雷电、日晒等均可能成为质量事故的原因，施工中均应特别注意并采取有效的措施预防。

8. 建筑物使用不当

对建筑物或设施使用不当也易造成质量事故。例如：未经校核验算就任意对建筑物加层，或在屋面上设置较重的设备；任意拆除承重结构部位；任意在结构物上开槽、打洞、削弱承重结构截面等。

（二）工程质量事故原因分析方法

对工程质量事故原因进行分析可概括为如下的方法和步骤：

1. 对事故情况进行细致的现场调查研究，充分了解与掌握质量事故或缺陷的现象和特征。例如大体积混凝土裂缝的现象与特征是：表面性裂缝、缝宽细小、呈纵横交错、分布广、不规律等。

2. 收集资料（如施工记录等），调查研究，摸清质量事故对象在整个施工过程中所处的环境及面临的各种情况。诸如：

（1）所使用的设计图纸

例如：设计图纸中的结构是否合理？是否设置了必要的沉降缝或伸缩缝？

（2）施工情况

是否完全按图纸施工。例如：当时采用的施工方法或工艺是否合理？如混凝土运输采用皮带机是否使混凝土产生离析？拌和料的水灰比是否过稠易使卸料管堵塞？混凝土养护时间是否足够？施工操作是否符合规程要求？结构是否过早承受荷载？所承受的荷载是否超过设计极限荷载？是否出现不应有的应力集中现象？

（3）使用的材料情况

例如：使用的材料与设计图纸要求是否一致？其性能、规格，以及内在质量是否符合标准？是否采用了替代料？它是否能满足原设计对所用材料的要求？在使用前该批材料的质量是否经过检查与确认（例如水泥是否受潮、结块）？有无合格的凭证？现场加工材料、半成品是否经过必要的检验确认合格？现场拌和料配比有无记录？其配合比与设计要求配比是否一致？

（4）施工期间的环境条件

在自然条件方面，诸如施工的气温、湿度、风力、降雨等，它们的实际情况和对施工对象可能产生的不利影响。

（5）质量管理与质量控制情况

质保体系是否健全？管理是否到位？质量责任是否落实？质量保证资料的项目、批量是否符合规定？

3.分析造成质量事故的原因

根据对质量事故的现象及特征的了解，结合当时在施工过程中所面临的各种条件和情况，进行综合分析、比较和判断，找出最可能造成质量事故的原因。

九、工程质量事故的处理

（一）工程质量事故处理的依据

工程质量事故发生后，事故处理主要应解决：查清原因、落实措施、妥善处理、消除隐患和界定责任。其中核心是查清原因。

工程质量事故处理的主要依据：

1.施工单位的质量事故调查报告

质量事故发生后，施工单位有责任就所发生的质量事故进行周密的调查、研究掌握情况，并在此基础上写出事故调查报告，对有关质量事故的实际情况做详尽的说明。

2.事故调查组研究所获得的材料

调查组所提供的工程质量事故调查报告，用来与施工单位所提供的情况进行对照、核实。

3. 有关合同文件

所涉及的合同文件有工程承包合同、设计委托合同、设备与器材购销合同、监理合同及分包工程合同等。有关合同文件在处理质量事故中的作用，是对施工过程中有关各方是否按照合同约定的有关条款实施其活动进行判断。

4. 有关的技术文件和档案

主要是有关的设计文件、与施工有关的技术文件和档案资料。

5. 有关的建设法规

主要是设计、施工、建筑市场方面的法规。

（二）工程质量事故处理的程序

工程质量事故发生后，一般情况下可以按照前述程序处理。

（三）工程质量事故的处理方法

1. 质量事故处理的基本要求

（1）处理应达到安全可靠，不留隐患，满足生产、使用要求，施工方便和经济合理的目的。

（2）重视消除造成事故的原因，这不仅是一种处理方法，也是防止事故重演的重要措施，如地基由于浸水沉降引起的质量问题，则应消除浸水的原因，制定防治浸水的措施。

（3）注意综合治理。既要防止原有事故的处理引发新的事故，又要注意处理方法的综合应用，如结构承载力不足时，则可采取结构补强、卸荷、增设支撑、改变结构方案等方法的综合应用。

（4）确定处理范围。除了直接处理事故发生的部位外，还应检查事故对相邻区域及整个结构的影响，以确定处理范围。如板的承载力不足进行加固时，往往形成从板、梁、柱到基础均可能要予以加固。

（5）正确选择处理时间和方法。

（6）凡涉及结构安全的，都应对处理阶段的结构强度、刚度和稳定性进行验算，提出可靠的防护措施，并在处理中严密监视结构的稳定性。

（7）对需要进行部分拆除的事故，应充分考虑事故对相邻区域结构的影响，以免事故进一步扩大，且应制定可靠的安全措施和拆除方案，要严防对原有事故的处理引发新的事故，如偷梁换柱，稍有疏忽将会引起整栋房屋的倒塌。

（8）在不卸荷条件下进行结构加固时，要注意加固方法和施工荷载的影响。要充分考虑对事故处理中所产生的附加内力，以及由此引发的不安全因素。

（9）加强事故处理的检查验收工作，从施工准备到完成处理工作，均应根据有关规范的规定和设计要求的质量标准进行检查验收，确保事故处理期的安全，应事先采取可靠的安全技术措施和防护措施，并严格检查、执行。

2. 质量事故处理所需的资料

（1）与事故有关的施工图；

（2）与工程施工有关的资料、记录；

（3）事故发生部位法定检测单位出具的检测报告；

（4）对质量事故的专家论证分析报告；

（5）事故调查分析报告；

（6）质量事故所涉及的人员与主要责任者的情况。

3. 质量事故处理方案的确定

质量事故处理方案，应当是在正确地分析和判断事故原因的基础上进行，通常是由原设计单位根据质量事故的实际情况，结合检测报告提供的数据，提出处理方案，经参加建设各方研讨后，必要时还应请专家论证后确定，由具有特种作业资质的单位组织施工。

4. 质量事故处理的施工方案及审定

质量事故处理设计方案确定后，施工单位应根据设计文件和要求，编制事故处理的施工方案。

（1）组成对质量事故处理的施工技术管理班子，负责对事故处理全过程的施工、技术、质量管理和控制工作。

（2）编制事故处理的施工方案及相应的技术措施、质量标准，并报企业技术负责人批准。

（3）做好施工准备（包括材料、人员、机具、设备等）和施工配合工作（建设、监理、设计、施工及各专业队伍、专业人员之间的协作）的安排。

（4）严格工序管理、质量控制，避免重复事故的发生。

（5）事故处理完毕后，组织自检自验工作。

（6）事故处理的各种记录、资料归案。

（7）写出事故处理的总结报告。

5. 质量事故处理的鉴定验收

质量事故的处理是否达到了预期目的，是否仍留有隐患，应当通过检查鉴定和验收做出确认。

事故处理的质量检查鉴定，应严格按施工验收规范及有关标准的规定进行，必要时还应通过实际量测、试验和仪表检测等方法获取必要的数据，才能对事故的处理结果做出确切的结论。检查和鉴定的结论可能有以下几种：

（1）事故已排除，可继续施工；

（2）隐患已消除，结构安全有保证；

（3）经修补、处理后，完全能够满足使用要求；

（4）基本上满足使用要求，但使用时应附加限制条件，例如限制荷载等；

（5）对耐久性的结论；

（6）对建筑物外观影响的结论等；

（7）对短期难以做出结论者，可提出进一步观测检验的意见。

对于处理后符合规定的要求和能满足使用要求的，监理工程师可予以验收、确认。

6.事故处理处罚原则

（1）住房和城乡建设主管部门应当依据有关人民政府对事故调查报告的批复和有关法律法规的规定，对事故相关责任者实施行政处罚。处罚权限不属本级住房和城乡建设主管部门的，应当在收到事故调查报告批复后15个工作日内，将事故调查报告（附具有关证据材料）、结案批复、本级住房和城乡建设主管部门对有关责任者的处理建议等转送有权限的住房和城乡建设主管部门。

（2）住房和城乡建设主管部门应当依据有关法律法规的规定，对事故负有责任的建设、勘察、设计、施工、监理等单位和施工图审查、质量检测等有关单位分别给予罚款、停业整顿、降低资质等级、吊销资质证书其中一项或多项处罚，对事故负有责任的注册执业人员分别给予罚款、停止执业、吊销执业资格证书、终身不予注册其中一项或多项处罚。

十、工程质量保修的概念

房屋建筑工程质量保修，是指对房屋建筑工程竣工验收后在保修期限内出现的质量缺陷，予以修复。而质量缺陷，是指房屋建筑工程的质量不符合工程建设强制性标准以及合同的约定。

建设单位和施工单位应当在工程质量保修书中约定保修范围、保修期限和保修责任等，双方约定的保修范围、保修期限必须符合国家有关规定。

第六章　建设工程质量检验评定与验收

第一节　工程质量评定项目的划分

一、建筑工程质量评定项目的划分

建筑工程包括各类房屋及建筑物、构筑物的建筑工程和为创造生产、生活环境的建筑设备安装工程等。

（一）分项工程划分

1. 建筑工程的分项工程

建筑工程分项工程的划分是按主要工种工程划分的，但也可按施工程序的先后和使用不同的材料划分，如瓦工的砌砖工程、钢筋工的钢筋绑扎工程、木工的木门窗安装工程、油漆工的混色油漆工程，以及水泥地面、水磨石地面等。

2. 建筑设备安装工程的分项工程

建筑设备安装工程是为了满足建筑物的使用要求而进行的管道、线路及器具的安装工程，这些构成建筑物的一部分。它包括建筑采暖卫生与煤气工程、建筑电气安装工程、通风与空调工程和电梯安装工程等。

（二）分部工程划分

1. 建筑工程

建筑工程按主要部位划分为地基与基础、主体、地面与楼面、门窗、装饰、屋面六个分部工程。

2. 建筑设备安装工程

建筑设备安装工程按专业划分为建筑采暖卫生与煤气工程、建筑电气安装工程、通风与空调工程和电梯安装工程四个分部工程。

（三）建筑物（构筑物）单位工程划分

建筑物（构筑物）的单位工程是由建筑工程和建筑设备安装工程共同组成。

实际评定时，一个独立的建筑物（构筑物）均为一个单位工程，如一个住宅小区建筑群中的一栋住宅楼、一所学校的一栋教学楼、一栋办公楼等均各为一个单位工程。

一个单位工程，有的是由建筑工程的 6 个分部工程、建筑设备安装工程的 4 个分部工程共 10 个分部工程组成。但有的单位工程中，不一定全有这些分部工程，如有的一般民用建筑工程就没有通风与空调及电梯安装分部工程。

（四）室外单位工程划分

住宅小区及一般工业厂区的室外工程分为三个单位工程：

1. 由给水管道、排水管道、采暖管道和煤气管道等组成的室外采暖卫生煤气工程；

2. 由电线架空线路、电缆线路、路灯等组成的室外建筑电气安装工程；

3. 由道路、围墙、花坛、花廊及建筑小品等组成的室外建筑工程。

二、铁路工程质量评定项目的划分

铁路工程包括铁路轨道、路基、桥涵、特大桥、隧道、通信、信号、电力、电力牵引供电、给水排水、站场建筑 11 种类型工程，其分项、分部和单位工程的划分基本相同。下面将前五种类型工程的划分规则予以介绍。

（一）轨道工程

轨道工程划分为七种单位工程。

（二）路基工程

一般路基工程的单位工程，应按一个工程队施工的、在同一设计预算范围内的全部工程来划分。特殊土地区、特殊条件下的路基的范围以设计文件规定为准，并可按长度不大于 100km 或施工工期一年以上的路基来划分；工程大的挡土墙、改河工程可按设计划分。

（三）桥涵工程

1. 桥的分项、分部和单位工程的划分

每一座桥为一个单位工程，主要部位为分部工程，分部工程范围内的主要工序为分项工程。

2. 涵洞的分项、分部和单位工程的划分

每个涵洞为一个单位工程，主要部位为分部工程，主要工序为分项工程。

（四）特大桥工程

由于特大桥工程的庞大和重要性，将每一座桥作为一个单位工程，并将特大桥划为上部建筑和下部建筑两大部分。在施工过程中，又将一些部位分为分单位工程、分部工程及分项工程等单元，按施工顺序进行质量控制和检验评定。

1. 下部建筑

以每座桥墩（或桥台）作为一个分单位工程。每一个分单位工程按其组成划分为基础、承台、墩台身及顶帽托盘四个分部工程。每一个分部工程按工序划分为若干分项工程。

2. 上部建筑

以简支梁每一单孔为一个分单位工程，连续梁每一联为一个分单位工程，铁路、公路正桥桥面及引桥桥面各为一个分单位工程。每个分单位工程按其组成划分为若干个分部工程，如钢桁架梁安装划分为杆件安装、支座安装及油漆等分部工程。每个分部工程又按工序及工种划分为若干个分项工程。

（五）隧道工程

一个隧道为一个单位工程，特长或长隧道还要根据区段或施工队伍划分的地段划分为分单位工程。独立施工的明洞、洞内道床，作为一个单位工程。由同一单位同时施工的隧道口接长明洞以及与隧道主体工程平行施工的洞内道床，则作为该隧道的分部工程。

三、交通工程质量评定项目的划分

交通工程有公路工程、港口工程、港口设备安装工程及船闸工程等，其分项、分部和单位工程的划分介绍如下：

（一）公路工程

公路工程的单位工程是根据建设项目中，业主下达的任务和签订的合同，具有独立施工条件，可以单独作为成本计算对象的工程。分部工程是在单位工程中，按结构部位、路段长度及施工特点或施工任务划分的。分项工程是在分部工程中，按不同的施工方法、材料、工序及路段长度等划分的。

（二）港口工程

港口工程的单位工程是按不同使用性能的工程内容、施工及竣工验收的独立性划分的。具体有：

1. 码头工程，按泊位划分单位工程；

2. 防波堤工程，按结构型式和施工及验收的分期划分单位工程；

3. 干船坞、船台和滑道工程，各为一个单位工程；

4. 栈桥和独立护岸工程，各为一个单位工程；

5. 港区道路和堆场工程，各自组成一个单位工程；

6. 港区给水和排水工程组成一个单位工程，室外供电和照明安装工程组成一个单位工程；

7. 工程量较小的附属引堤、引桥、护岸和码头给排水、供电及照明安装工程等，各作为一个分部工程参加所在单位工程的质量评定。

港口工程的各类工程中又有多种单位工程，如码头工程，又分重力式、高桩、板桩、重力墩式、高桩墩式、斜坡和浮码头等种类单位工程。分部工程按建筑物的主要部位划分，分项工程按施工的主要工序（工种）划分。

（三）港口设备安装工程

港口设备包括港口装卸设备，输送设备及其辅助装置，港口设备电气安装，控制、通信、广播、工业电视系统，管道及设备安装，港口环保工程等。

（四）船闸工程

船闸工程有船闸主体，引航道及导航建筑物，闸门、阀门、启闭机等。单位工程按不同使用性能的工程内容和施工及竣工验收的独立性划分，分部工程按建筑物结构的主要部位划分，分项工程按主要工序等划分。

四、火电工程质量评定项目的划分

火电工程有土建工程、热工仪表及控制装置工程、锅炉安装工程、焊接工程及加工配制工程等种类，其分项、分部和单位工程的划分按火电工程的特点有其特殊性。现以土建工程、热工仪表及控制装置工程的划分介绍如下。

（一）土建工程

土建工程包括热力系统、燃料供应系统、除灰系统、水处理系统、供水系统、电气系统、交通运输系统及附属生产八个部分。

（二）热工仪表及控制装置工程

热工仪表及控制装置划分为主厂房热控安装工程、全厂公用系统热控安装工程、系统调校和调试工程三个扩大工程。每个扩大工程包括几个单位工程，然后又划分为分部工程和分项工程。

五、冶金工程质量评定项目的划分

冶金工程主要为机械设备安装工程，包括选矿设备、焦化设备、烧结设备、炼铁设备、炼钢设备和液压、气动及润滑设备等；另外还有有色金属机械设备安装工程。

选矿设备安装工程的分项、分部和单位工程的划分原则是：

1. 分项工程

一般按设备的种类、台（套）、部件或施工工序划分。一台选矿设备的安装为一个分项工程；浓缩设备、磁化焙烧炉设备分为几个分项工程。

2. 分部工程

一般按设备所属的工艺系统、专业种类、机组和区段划分。选矿设备按设备的类别和系统划分分部工程。

3. 单位工程

具备独立的工艺系统和使用功能以及各类专业工程均可划分为单位工程，或按建筑物（构筑物）工艺系列进行划分。室外的浓缩设备安装工程可划分为一个单位工程。

第二节　工程施工质量验收

一、概述

为了加强建筑工程质量管理，统一建筑工程施工质量验收，保证工程质量，住房城乡建设部批准发布了《建筑工程施工质量验收统一标准》，该标准坚持了"验评分离、强化验收、完善手段、过程控制"的指导思想，统一了建筑工程施工质量的验收方法、质量标准和程序，规定了建筑工程各专业工程施工验收规范编制的统一标准和单位工程验收质量标准、内容和程序等，增加了建筑工程施工现场质量管理和质量控制要求，提出了检验批质量抽验的抽样方案要求，规定了建筑工程施工质量验收中子单位和子分部工程的划分，涉及建筑工程安全和主要使用功能的见证取样及抽样检测。建筑各专业工程施工质量验收规范必须与该标准配合使用。

二、施工质量验收的术语

1. 建筑工程

为新建、改建或扩建房屋建筑物和附属构筑物设施所进行的规划、勘察、设计和施工、竣工等各项技术工作及完成的工程实体。

2. 建筑工程质量

反映建筑工程满足相关标准规定或合同约定的要求，包括其在安全、使用功能及耐久性能、环境保护等方面所有明显和隐含能力的特性总和。

3. 验收

建筑工程在施工单位自行质量检查评定的基础上，参与建设活动的有关单位共同对检验批、分项、分部、单位工程的质量进行抽样复验，根据相关标准以书面形式对工程质量达到合格与否做出确认。

4. 进场验收

对进入施工现场的材料、构配件、设备等按相关标准规定要求进行检验，对产品达到合格与否做出确认。

5. 检验批

按同一的生产条件或按规定的方式汇总起来供检验用的、由一定数量样本组成的检验体。

6. 检验

对检验项目中的性能进行量测、检查、试验等，并将结果与标准规定要求进行比较，以确定每项性能是否合格所进行的活动。

7. 见证取样检测

在监理单位或建设单位监督下，由施工单位有关人员现场取样，并送至具备相应资质的检测单位所进行的检测。

8. 交接检验

由施工的承接方与完成方经双方检查并对可否继续施工做出确认的活动。

9. 主控项目

建筑工程中的对安全、卫生、环境保护和公众利益起决定性作用的检验项目。

10. 一般项目

除主控项目以外的检验项目。

11. 抽样检验

按照规定的抽样方案，随机地从进场的材料、构配件、设备或建筑工程检验项目中，按检验批抽取一定数量的样本所进行的检验。

12. 抽样方案

根据检验项目的特性所确定的抽样数量和方法。

13. 计数检验

在抽样的样本中，记录每一个体有某种属性或计算每一个体中的缺陷数目的检查方法。

14. 计量检验

在抽样检验的样本中，对每一个体测量其某个定量特性的检查方法。

15. 观感质量

通过观察和必要的量测所反映的工程外在质量。

16. 返修

对工程不符合标准规定的部位采取整修等措施。

17. 返工

对不合格的工程部位采取的重新制作、重新施工等措施。

三、施工质量验收的基本规定

1. 施工现场验收管理应有相应的施工技术标准、健全的质量管理体系、施工质量检验制度和综合施工质量水平评定考核制度。

2. 建筑工程应按下列规定进行施工质量控制：①建筑工程采用的主要材料、半成品、成品、建筑构配件、器具和设备应进行现场验收。凡涉及安全、功能的有关产品，应按各专业工程质量验收规范规定进行复验，并检查认可。②各工序应按施工技术标准进行质量控制，每道工序完成后，应进行检查。③相关专业工种之间，应进行交接检验，并形成记录。未经监理工程师检查认可，不得进行下道工序施工。

3. 建筑工程施工质量应按下列要求进行验收：①建筑工程质量应符合本标准和相关专业验收规范的规定。②建筑工程施工应符合工程勘察、设计文件的要求。③参加工程施工质量验收的各方人员应具备规定的资格。④工程质量的验收均应在施工单位自行检查评定的基础上进行。⑤隐蔽工程在隐蔽前应由施工单位通知有关单位进行验收，并应形成验收文件。⑥涉及结构安全的试块、试件以及有关材料，应按规定进行见证取样检测。⑦检验批的质量应按主控项目和一般项目验收。⑧对涉及结构安全和使用功能的重要分部工程应进行抽样检测。⑨承担见证取样检测及有关结构安全检测的单位应具有相应资质。⑩工程的观感质量应由验收人员通过现场检查，并应共同确认。

4. 检验批的质量检验，应根据检验项目的特点在下列抽样方案中进行选择：①计量、计数或计量—计数等抽样方案；②一次、二次或多次抽样方案；③根据生产连续性和生产控制稳定性情况，尚可采用调整型抽样方案；④对重要的检验项目当可采用简易快速的检验方法时，可选用全数检验方案；⑤经实践检验有效的抽样方案。

检验批质量检验评定的抽样方案，可根据检验项目的特点进行选择。对于检验项目的计量、计数检验，可分为全数检验和抽样检验两大类。对于重要的检验项目，可采用简易快速的非破损检验方法时，宜选用全数检验。

四、建筑工程质量验收

建筑工程质量验收分为单位（子单位）工程、分部（子分部）工程、分项工程和检验批。

1.检验批合格质量应符合的规定

（1）主控项目和一般项目的质量经抽样检验合格；

（2）具有完整的施工操作依据、质量检查记录。

检验批是施工过程中条件相同并有一定数量的材料、构配件或安装项目，由于其质量基本均匀一致，因此可以作为检验的基础单位，并按批验收。

质量控制资料反映了检验批从原材料到最终验收的各施工工序的操作依据、检查情况以及保证质量所必需的管理制度等。对其完整性的检查，实际是对过程控制的确认，这是检验批合格的前提。

为了使检验批的质量符合安全和功能的基本要求，达到保证建筑工程质量的目的，各专业工程质量验收规范应对各检验批的主控项目、一般项目的子项合格质量给予明确的规定。

2.分项工程质量验收合格应符合的规定

（1）分部工程所含的检验批均应符合合格质量的规定；

（2）分项工程所含的检验批的质量验收记录应完整。

分项工程的验收在检验批的基础上进行。一般情况下，两者具有相同或相近的性质，只是批量的大小不同而已。

3.分部（子分部）工程质量验收合格应符合的规定

（1）分部（子分部）工程所含工程的质量均应验收合格；

（2）质量控制资料应完整；

（3）地基与基础、主体结构和设备安装等分部工程有关安全及功能的检验和抽样检测结果应符合有关规定；

（4）观感质量验收应符合要求。

分部工程的验收在其所含各分项工程验收的基础上进行。分部工程的各分项工程必须已验收合格且相应的质量控制资料文件必须完整，这是验收的基本条件。此外，由于各分项工程的性质不尽相同，因此作为分部工程不能简单地组合而加以验收，须增加以下两类检查项目：

①涉及安全和使用功能的地基基础、主体结构、有关安全及重要使用功能的安装分部工程应进行有关见证取样送样试验或抽样检测。②关于观感质量验收，这类检查往往难以定量，只能以观察、触摸或简单量测的方式进行，并由各个人的主观印象判断，检查结果并不给出"合格"或"不合格"的结论，而是综合给出质量评价。对于"差"的检查点应通过返修处理等补救。

4.单位（子单位）工程质量验收合格应符合的规定

（1）单位（子单位）工程所含分部（子分部）工程的质量均应验收合格；

（2）质量控制资料应完整；

（3）单位（子单位）工程所含分部工程有关安全和功能的检测资料应完整；

（4）主要功能项目的抽查结果应符合相关专业质量验收规范的规定；

（5）观感质量验收应符合要求。

单位工程质量验收也称质量竣工验收，是建筑工程投入使用前的最后一次验收，也是最重要的一次验收。验收合格的条件有五个，除构成单位工程的各分部工程应该合格，并且有关的资料文件应完整以外，还须进行以下三方面的检查：

首先，涉及安全和使用功能的分部工程应进行检验资料的复查。其次，对主要使用功能还须进行抽查。最后，还须由参加验收的各方人员共同进行观感质量检查。检查的方法、内容、结论等已在分部工程的相应部分中阐述，最后共同确定是否验收。

5. 建筑工程质量验收记录应符合的规定

（1）检验批的质量验收记录由施工项目专业质量检查员填写，监理工程师（建设单位项目专业技术负责人）组织项目专业质量检查员等进行验收并记录；

（2）分项工程质量应由监理工程师组织项目专业技术负责人等进行验收并记录；

（3）分部工程质量应由总监理工程师组织施工项目经理和有关勘察、设计单位项目负责人进行验收并记录；

（4）单位工程质量验收，质量控制资料核查，安全和功能检验资料核查及主要功能抽查记录，观感质量检查；

6. 建筑工程质量不符合要求时的处理规定

（1）经返工重做或更换器具、设备的检验批，应重新进行验收；

（2）经有资质的检测单位检测鉴定能够达到设计要求的检验批，应予以验收；

（3）经有资质的检测单位检测鉴定达不到设计要求，但经原设计单位核算认可能够满足结构安全和使用功能的检验批，可予以验收；

（4）经返修或加固处理的分项、分部工程，虽然改变外形尺寸但仍能满足安全使用要求，可按技术处理方案和协商文件进行验收。

质量不符合要求时的处理办法，一般情况下，不合格现象在最基层的验收单位检验批时就应发现并及时处理，否则将影响后续检验批和相关的分项工程、分部工程的验收。

7. 通过返修仍不能满足安全使用要求的分部工程严禁验收

五、建筑工程质量验收程序和组织

1. 检验批和分项工程应由监理工程师（建设单位项目技术负责人）组织施工单位项目专业质量（技术）负责人等进行验收。

2. 分部工程应由总监理工程师（建设单位项目负责人）组织施工单位项目负责人和技术、质量负责人等进行验收；地基与基础、主体结构分部工程的勘察、设计单位工程项目负责人和施工单位技术、质量部门负责人也应参加相关分部工程验收。

3. 单位工程完工后，施工单位应自行组织有关人员进行检查评定，并向建设单位提交工程验收报告。

4. 建设单位收到工程验收报告后，应由建设单位（项目）负责人组织施工（含分包单位）、设计、监理等单位（项目）负责人进行单位（子单位）工程验收。

5. 单位工程有分包单位施工时，分包单位对所承包的工程项目按该标准规定的程序检查评定，总包单位应派人参加。分包工程完成后，应将工程有关资料交总包单位。

6. 当参加验收各方对工程质量验收意见不一致时，可请当地建设行政主管部门或工程质量监督机构协调处理。

7. 单位工程质量验收合格后，建设单位应在规定时间内将工程竣工验收报告和有关文件，报建设行政管理部门备案。建设工程竣工验收备案制度是加强政府监督管理，防止不合格工程流向社会的一个重要手段。

第三节　工程项目的竣工验收

一、竣工验收的范围及依据

（一）竣工验收的范围

凡新建、扩建、改建的基本建设项目和技术改造项目，按批准的设计文件和合同规定的内容建成，符合验收标准的必须及时组织验收，交付使用，并办理固定资产移交手续。对住宅小区的验收还应验收土地使用情况，单项工程、市政、绿化及公用设施等配套设施项目等。

（二）竣工验收的依据

竣工验收的依据是批准的设计任务书、初步设计、技术设计文件、施工图、设备技术说明书、有关建设文件，以及现行的施工技术验收规范等；施工承包合同、协议及洽商等。

二、竣工验收条件

建设工程竣工验收应具备下列条件：

1. 工程竣工验收备案表。

2. 工程竣工验收报告，竣工验收报告应当包括工程报建日期，施工许可证号，施工图设计文件审查意见，勘察、设计、施工、工程监理等单位分别签署的质量合格文件及验收人员签署的竣工验收原始文件，市政基础设施的有关质量检测和功能性试验资料以及备案机关认为需要提供的有关资料。

3. 法律、行政法规规定应当由规划、环保等部门出具的认可文件或者准许使用文件。

4. 法律规定应当由公安消防部门出具的对大型的人员密集场所和其他特殊建设工程验收合格的证明文件。

5. 施工单位签署的工程质量保修书。

6. 法规、规章规定必须提供的其他文件。

三、竣工验收程序及内容

（一）验收程序

根据建设项目规模的大小和复杂程度，可分为初步验收和正式验收两个阶段进行。规模大的建设项目，一般指大、中型工业、交通建设项目，较复杂的建设项目应先进行初验，然后进行全部建设项目的竣工验收。规模较小、较简单的建设项目，可一次进行全部建设项目的竣工验收。

1. 验收准备

建设项目全部完成，经过各单位工程的验收，符合设计要求，经过工程质量核定达到合格标准。施工单位要按照国家有关规定，整理各项交工文件及技术资料、工程盘点清单、工程决算书、工程总结等必要文件资料，提出交工报告；建设单位要督促和配合施工单位、设计单位做好工程盘点，工程质量评价，资料文件的整理，包括项目可行性研究报告，项目立项批准书，土地、规划批准文件，设计任务书，初步设计，概算及工程决算等。建设单位要与生产部门做好生产准备及试生产，整理好工作情况及有关资料，并对生产工艺水平及投资效果进行评价并形成文件等。

2. 初步验收（预验收）

建设项目在正式召开验收会议之前，由建设单位组织施工、设计、监理及使用单位进行预验收，可请一些有经验的专家参加，必要时，也可请主管部门的领导参加。经过初步验收，找出不足之处，进行整改。然后由建设项目主管部门或建设单位向负责验收的单位或部门提出竣工验收申请报告。

3. 正式验收

主管部门或负责验收的单位接到正式竣工验收申报和竣工验收报告书后，经审查符合验收条件时，要及时安排组织验收。住宅小区竣工验收应按照《城市住宅小区竣工综合验收管理办法》执行。

（1）住宅小区建设项目全部竣工后，开发建设单位向政府建设行政主管部门提出综合竣工验收报告，并提交规定的有关资料。

（2）主管部门接到验收报告和有关资料，应组成由城建（包括市政、公用事业、园林绿化、环境卫生）、规划、房地产、工程质量监督等有关部门及小区经营管理单位参加的综合验收组。

（3）综合验收组审阅有关验收资料，听取开发、建设单位情况汇报，进行现场检查，对住宅小区建设、管理的情况进行全面鉴定和评价，提出验收意见并提交住宅小区竣工综合验收报告。

（4）验收合格办理交付使用手续。

（5）验收应提交的文件。

（二）竣工验收报告书

竣工验收报告书是竣工验收的重要文件，通常应包括如下内容：

1. 建设项目总说明

2. 技术档案建立情况

3. 建设情况

包括：建筑安装工程完成程度及工程质量情况，试生产期间设备运行及各项生产技术指标达到的情况；工程决算情况，投资使用及节约或超支原因分析，环保、卫生、安全设施"三同时"建设情况，引进技术、设备的消化吸收、国产化替代情况及安排意见等。

4. 效益情况

包括：项目试生产期间经济效益与设计经济效益比较，技术改造项目改造前后经济效益比较；生产设备、产品的各项技术经济指标与国内外同行业的比较；环境效益、社会评估；项目中合用技术、工业产权、专利等的作用评估；偿还贷款能力或回收投资能力评估等。

5. 合资企业中方资产有当地资产部门提供的资产证明书

6. 存在和遗留问题

7. 有关附件

（三）竣工验收报告书的主要附件

1. 竣工项目概况一览表

主要包括：建设项目名称、建设地点，占地面积，设计（新增）生产能力，总投资，房屋建设面积，开竣工时间，设计任务书，初步设计、概算，批准机关，设计、施工、监理单位等。

2. 已完单位工程一览表

主要内容：单位工程名称、结构形式、工程量、开竣工日期、工程质量等级、施工单位等。

3. 未完工程项目一览表

包括：工程名称、工程内容、未完工程量、投资额、负责完成单位、完成时间等。

4. 已完设备一览表

主要是设备名称、规格、台数、金额等，引进和国产设备分别列出。

5. 应完未完设备一览表

主要是设备名称、规格、台数及完成时间等。

6. 竣工项目财务决算综合表

7. 概算调整与执行情况一览表

8. 交付使用（生产）单位财产总表及交付使用（生产）单位财产一览表

9. 单位工程质量汇总项目总体质量评价表

主要内容：每个单位工程的质量评定结果、主要工艺质量评定情况、项目的综合评价，包括室外工程在内。

（四）验收委员会形成的《竣工验收鉴定证书》的主要内容

1. 验收时间

2. 验收工作概况

3. 工程概况

主要包括：工程名称、建设规模，工程地址，建设依据，设计、施工单位，建设工期及实物完成情况，土地利用等内容。

4. 项目建设情况

建筑工程、安装工程以及设备安装、环保、卫生、安全设施建设情况等。

5. 生产工艺及水平、生产准备及试生产情况

6. 竣工决算情况

7. 工程质量的总体评价

包括：设计质量、施工质量、设备质量，以及室外工程、环境质量的评价。

8. 经济效果评价

主要是经济效益、环境效益及社会效益。

9. 遗留问题及处理意见

10. 验收委员会对项目验收的结论

主要是对验收报告逐项检查评价认定，并应有总体评价，是否同意验收。

四、竣工验收的组织

（一）验收权限的划分

根据项目规模大小组成验收委员会。大中型建设项目、由国家批准的限额以上利用外资的项目，由国家组织或委托有关部门组织验收，省建委参与验收。地方大中型建设项目由省级主管部门组织验收。其他小型项目由地市级主管部门或建设单位组织验收。

（二）验收委员会或验收组的组成

通常有建设单位、施工单位、设计单位及接管单位参加，请计划、建设、项目主管、银行、物资、环保、劳动、统计、消防等有关部门组成验收委员会。通常还要请有关专家组成专家组，负责各专业的审查工作。

（三）验收委员会的主要工作

负责验收工作的组织领导，审查竣工验收报告书；实地对建筑安装工程进行现场检查；查验试车生产情况；对设计、施工组织、设备质量等做出全面评价；签署竣工验收鉴定书等。

五、竣工验收中有关工程质量的评价工作

竣工验收是一项综合性很强的工作，涉及各个方面，其中作为质量控制方面的工作主要有：

1. 做好每个单位工程的质量评价，在施工企业自评质量等级的基础上，由当地工程质量监督站或专业站核定质量等级；做好单位工程质量一览表。

2. 如果是一个工厂或住宅小区、办公区，除对每个单位工程质量进行评价外，还应将室外工程的道路、管线、绿化及设施小品等进行逐项检查，给予评价；并对整个项目的工程质量给予评价。

3. 工艺设施质量及安全的质量评价。

4. 督促施工单位做好施工总结，并在此基础上提出竣工验收报告中的质量部分。

5. 协助建设单位审查工程项目竣工验收资料

（1）工程项目开工报告；

（2）工程项目竣工报告；

（3）图纸会审和设计交底记录；

（4）设计变更通知单；

（5）技术变更核定单；

（6）工程质量事故发生后调查和处理资料；

（7）水准点位置、定位测量记录、沉降及位移观测记录；

（8）材料、设备、构件的质量合格证明资料；

（9）试验、检验报告；

（10）隐蔽验收记录及施工日志；

（11）竣工图；

（12）质量检验评定资料；

（13）工程竣工验收及资料。

6. 对其他小型项目单位工程的验收。由于项目小、内容单一，主要是对工程质量评价及竣工资料的审查。

六、房屋建筑工程和市政基础设施工程竣工验收备案管理

1. 建设单位办理工程竣工验收备案应当提交的文件

（1）工程竣工验收备案表。

（2）工程竣工验收报告，竣工验收报告应当包括工程报建日期，施工许可证号，施工图设计文件审查意见，勘察、设计、施工、工程监理等单位分别签署的质量合格文件及验收人员签署的竣工验收原始文件，市政基础设施的有关质量检测和功能性试验资料以及备案机关认为需要提供的有关资料。

（3）法律、行政法规规定应当由规划、环保等部门出具的认可文件或者准许使用文件。

（4）法律规定应当由公安消防部门出具的对大型的人员密集场所和其他特殊建设工程验收合格的证明文件。

（5）施工单位签署的工程质量保修书。

（6）法规、规章规定必须提供的其他文件。

住宅工程还应当提交《住宅质量保证书》和《住宅使用说明书》。

2. 备案机关收到建设单位报送的竣工验收备案文件，验证文件齐全后，应当在工程竣工验收备案表上签署文件收讫。工程竣工验收备案表一式两份，一份由建设单位保存，一份留备案机关存档。

3. 工程质量监督机构应当在工程竣工验收之日起 5 日内，向备案机关提交工程质量监督报告。

4. 备案机关发现建设单位在竣工验收过程中有违反国家有关建设工程质量管理规定行为的，应当在收讫竣工验收备案文件 15 日内，责令停止使用，重新组织竣工验收。

5. 建设单位在工程竣工验收合格之日起 15 日内未办理工程竣工验收备案的，备案机关责令限期改正，处 20 万元以上 50 万元以下罚款。

6. 建设单位将备案机关决定重新组织竣工验收的工程，在重新组织竣工验收前，擅自使用的，备案机关责令停止使用，处工程合同价款 2% 以上 4% 以下罚款。

7. 建设单位采用虚假证明文件办理工程竣工验收备案的，工程竣工验收无效，备案机关责令停止使用，重新组织竣工验收，处 20 万元以上 50 万元以下罚款；构成犯罪的，依法追究刑事责任。

8. 备案机关决定重新组织竣工验收并责令停止使用的工程，建设单位在备案之前已投入使用或者建设单位擅自继续使用造成使用人损失的，由建设单位依法承担赔偿责任。

9. 竣工验收备案文件齐全，备案机关及其工作人员不办理备案手续的，由有关机关责令改正，对直接责任人员给予行政处分。

10. 抢险救灾工程、临时性房屋建筑工程和农民自建低层住宅工程，不适用上述规定。

11. 军用房屋建筑工程竣工验收备案，按照中央军事委员会的有关规定执行。

第四节　住宅工程质量分户验收

一、分户验收的概念

住宅工程质量分户验收，是指建设单位组织施工、监理等单位，在住宅工程各检验批、分项、分部工程验收合格的基础上，在住宅工程竣工验收前，依据国家有关工程质量验收标准，对每户住宅及相关公共部位的观感质量和使用功能等进行检查验收，并出具验收合格证明的活动。

二、分户验收的意义

1. 提高住宅工程质量管理水平，保护百姓利益，减少质量投诉，预防群访群诉事件。

2. 督促施工企业抓技术、质量管理，抓操作人员素质，严格按照施工工艺标准施工，研究制定提高工程质量的措施并有效实施。

3. 督促监理企业按施工验收规范、规程严格验收，不走过场。

三、分户验收内容

1. 地面、墙面和顶棚质量；

2. 门窗质量；

3. 栏杆、护栏质量；

4. 防水工程质量；

5. 室内主要空间尺寸；

6. 给水排水系统安装质量；

7. 室内电气工程安装质量；

8. 建筑节能和采暖工程质量；

9. 有关合同中规定的其他内容。

四、分户验收依据

分户验收依据为国家现行有关工程建设标准，主要包括住宅建筑规范、混凝土结构工程施工质量验收、砌体工程施工质量验收、建筑装饰装修工程施工质量验收、建筑地面工程施工质量验收、建筑给水排水及采暖工程施工质量验收、建筑电气工程施工质量验收、建筑节能工程施工质量验收、智能建筑工程质量验收、屋面工程质量验收、地下防水工程质量验收等标准规范，以及经审查合格的施工图设计文件。

五、分户验收程序

1. 根据分户验收的内容和住宅工程的具体情况确定检查部位、数量；

2. 按照国家现行有关标准规定的方法，以及分户验收的内容适时进行检查；

3. 每户住宅和规定的公共部位验收完毕，应填写"住宅工程质量分户验收表"，建设单位和施工单位项目负责人、监理单位项目总监理工程师分别签字；

4. 分户验收合格后，建设单位必须按户出具"住宅工程质量分户验收表"，并作为《住宅质量保证书》的附件，一同交给住户。

分户验收不合格，不能进行住宅工程整体竣工验收。同时，住宅工程整体竣工验收前，施工单位应制作工程标牌，将工程名称、竣工日期和建设、勘察、设计、施工、监理单位全称镶嵌在该建筑工程外墙的显著部位。

六、分户验收的组织实施

分户验收由施工单位提出申请，建设单位组织实施，施工单位项目负责人、监理单位项目总监理工程师及相关质量、技术人员参加，对所涉及的部位、数量按分户验收内容进行检查验收。已经预选物业公司的项目，物业公司应当派人参加分户验收。

第五节 工程项目的交接与回访保修

一、工程项目的交接

工程项目竣工和交接是两个不同的概念。所谓工程项目竣工，是针对承包单位而言的，它有以下三层含义：第一，承包单位按合同要求完成了工作内容；第二，承包单位按质量要求进行了自检；第三，项目的工期、进度、质量均满足合同的要求。工程项目交接则是对工程的质量进行验收之后，由承包单位向业主进行移交项目所有权的过程。能否交接取决于承包单位所承包的工程项目是否通过了竣工验收。因此，交接是建立在竣工验收基础上的过程。

在工程项目交接时，还应将成套的工程技术资料进行分类整理、编目建档后移交给建设单位。同时，施工单位还应将在施工中所占用的房屋设施进行维修清理并打扫干净，连同房门钥匙全部予以移交。

二、工程项目的回访与工程质量保修制度

（一）工程项目的回访

工程项目在竣工验收交付使用后，承包人应编制回访计划，主动对交付使用的工程进行回访。

1. 回访计划包括的内容

（1）确定主管回访保修业务的部门；

（2）确定回访保修的执行单位；

（3）被回访的发包人（或使用人）及其工程名称；

（4）回访时间安排及主要工程内容；

（5）回访工程的保修期限。

2. 填写回访记录

主管部门依据回访记录对回访服务的实施效果进行验证。回访记录应包括参加回访的人员、回访发现的质量问题、建设单位的意见、回访单位对发现的质量问题的处理意见、回访主管部门的验收签证。

3. 回访采用三种形式

第一是季节性回访，大多数是雨季回访屋面、墙面的防水情况，冬季回访采暖系统的情况，发现问题，及时采取有效措施加以解决。第二是技术性回访，主要了解在工程施工过程中所采用的新材料、新技术、新工艺、新设备等的技术性能和使用后的效果，发现问题及时加以补救和解决，同时也便于总结经验，获取科学依据，为改进、完善和推广创造条件。第三是保修期满前的回访，一般是在保修期即将结束之前进行回访。

（二）工程质量保修制度

1. 工程质量保修的概念

房屋建筑工程质量保修，是指对房屋建筑工程竣工验收后在保修期限内出现的质量缺陷，予以修复。而质量缺陷，是指房屋建筑工程的质量不符合工程建设强制性标准以及合同的约定。

建设单位和施工单位应当在工程质量保修书中约定保修范围、保修期限和保修责任等，双方约定的保修范围、保修期限必须符合国家有关规定。

2.房屋建筑工程质量保修办法

（1）《房屋建筑工程质量保修办法》制定的依据

为保护建设单位、施工单位、房屋建筑所有人和使用人的合法权益，维护公共安全和公众利益，根据《建筑法》和《建设工程质量管理条例》，制定本办法。

（2）《房屋建筑工程质量保修办法》的适用范围

在中华人民共和国境内新建、扩建、改建各类房屋建筑工程（包括装修工程）的质量保修，适用本办法。

（3）工程质量保修期限

建设单位和施工单位应当在工程质量保修书中约定保修范围、保修期限和保修责任等，在正常使用下，房屋建筑工程的最低保修期限如下：

①地基基础工程和主体结构工程，为设计文件规定的该工程的合理使用年限；

②屋面防水工程、有防水要求的卫生间、房间外墙的防渗漏，为五年；

③供热与供冷系统，为两个采暖期、供冷期；

④电气管线、给排水管道、设备安装为两年；

⑤装修工程为两年。

其他项目的保修期限由建设单位和施工单位约定。房屋建筑工程保修期从工程竣工验收合格之日起计算。

（4）工程质量保修职责

①房屋建筑工程在保修期限内出现质量缺陷，建设单位或者房屋建筑所有人应当向施工单位发出保修通知。施工单位接到保修通知后，应当到现场核查情况，在保修书约定的时间内予以保修。发生涉及结构安全或者严重影响使用功能的紧急抢修事故，施工单位接到保修通知后，应当立即到达现场抢修。

②发生涉及结构安全的质量缺陷，建设单位或者房屋建筑所有人应当立即向当地建设行政主管部门报告，采取安全防范措施；由原设计单位或者具有相应资质等级的设计单位提出保修方案，施工单位实施保修，原工程质量监督机构负责监督。

③下列情况不属于本办法规定的保修范围

a.因使用不当或者第三方造成的质量缺陷；

b.不可抗力造成的质量缺陷。

（5）罚责

①施工单位有下列行为之一的，由建设行政主管部门责令改正，并处1万元以上3万元以下罚款：

a.工程竣工验收后，不向建设单位出具质量保修书的；

b.质量保修的内容、期限违反本办法规定的。

②施工单位不履行保修义务或者拖延履行保修义务的，由建设行政主管部门责令改正，处10万元以上20万元以下罚款。

3. 建设工程质量保修书

建设工程承包单位在向建设单位提交工程竣工验收报告时，应当向建设单位出具质量保修书。其内容有：质量保修项目内容及范围、质量保修期、质量保修责任、质量保修金的支付方法等。

在保修期内，属于施工单位施工过程中造成的质量问题，要负责维修，不留隐患。一般施工项目竣工后，各承包单位的工程款保留 5% 左右，作为保修金。按照合同在保修期满退回承包单位。如属于设计原因造成的质量问题，在征得甲方和设计单位认可后，协助修补，其费用由设计单位承担。

三、住宅专项维修资金管理

（一）维修资金适用范围

商品住宅、售后公有住房住宅专项维修资金的交存、使用、管理和监督，适用《住宅专项维修资金管理办法》。本办法所称住宅专项维修资金，是指专项用于住宅共用部位、共用设施设备保修期满后的维修和更新、改造的资金。

（二）维修资金交存

1. 下列物业的业主应当按照本办法的规定交存住宅专项维修资金：①住宅，但一个业主所有且与其他物业不具有共用部位、共用设施设备的除外；②住宅小区内的非住宅或者住宅小区外与单幢住宅结构相连的非住宅。前款所列物业属于出售公有住房的，售房单位应当按照本办法的规定交存住宅专项维修资金。

2. 商品住宅的业主、非住宅的业主按照所拥有物业的建筑面积交存住宅专项维修资金，每平方米建筑面积交存首期住宅专项维修资金的数额为当地住宅建筑安装工程每平方米造价的 5% ~ 8%。直辖市、市、县人民政府建设（房地产）主管部门应当根据本地区情况，合理确定、公布每平方米建筑面积交存首期住宅专项维修资金的数额，并适时调整。

3. 出售公有住房的，按照下列规定交存住宅专项维修资金：①业主按照所拥有物业的建筑面积交存住宅专项维修资金，每平方米建筑面积交存首期住宅专项维修资金的数额为当地房改成本价的 2%。②售房单位按照多层住宅不低于售房款的 20%、高层住宅不低于售房款的 30%，从售房款中一次性提取住宅专项维修资金。

4. 业主交存的住宅专项维修资金属于业主所有。从公有住房售房款中提取的住宅专项维修资金属于公有住房售房单位所有。

5. 业主大会成立前，商品住宅业主、非住宅业主交存的住宅专项维修资金，由物业所在地直辖市、市、县人民政府建设（房地产）主管部门代管。直辖市、市、县人民政府建设（房地产）主管部门应当委托所在地一家商业银行，作为本行政区域内住宅专项维修资金的专户管理银行，并在专户管理银行开立住宅专项维修资金专户。①开立住宅专项维修资金专户，应当以物业管理区域为单位设账，按房屋户门号设分户账；未划定物业管理区域的，以幢为单位设账，按房屋户门号设分户账。②业主大会成立前，已售公有住房住宅专项维修资金，由物业所在地直辖市、市、县人民政府财政部门或者建设（房地产）主管部门负责管理。③负责管理公有住房住宅专项维修资金的部门应当委托所在地一家商业银行，作为本行政区域内公有住房住宅专项维修资金的专户管理银行，并在专户管理银行开立公有住房住宅专项维修资金专户。④开立公有住房住宅专项维修资金专户，应当按照售房单位设账，按幢设分账。其中，业主交存的住宅专项维修资金，按房屋户门号设分户账。

6. 商品住宅的业主应当在办理房屋入住手续前，将首期住宅专项维修资金存入住宅专项维修资金专户。

7. 已售公有住房的业主应当在办理房屋入住手续前，将首期住宅专项维修资金存入公有住房住宅专项维修资金专户或者交由售房单位存入公有住房住宅专项维修资金专户。公有住房售房单位应当在收到售房款之日起 30 日内，将提取的住宅专项维修资金存入公有住房住宅专项维修资金专户。

8. 未按本办法规定交存首期住宅专项维修资金的，开发建设单位或者公有住房售房单位不得将房屋交付购买人。

9. 专户管理银行、代收住宅专项维修资金的售房单位应当出具由财政部或者省、自治区、直辖市人民政府财政部门统一监制的住宅专项维修资金专用票据。

10. 业主大会成立后，应当按照下列规定划转业主交存的住宅专项维修资金：①业主大会应当委托所在地一家商业银行作为本物业管理区域内住宅专项维修资金的专户管理银行，并在专户管理银行开立住宅专项维修资金专户。开立住宅专项维修资金专户，应当以物业管理区域为单位设账，按房屋户门号设分户账。②业主委员会应当通知所在地直辖市、市、县人民政府建设（房地产）主管部门；涉及已售公有住房的，应当通知负责管理公有住房住宅专项维修资金的部门。③直辖市、市、县人民政府建设（房地产）主管部门或者负责管理公有住房住宅专项维修资金的部门应当在收到通知之日起 30 日内，通知专户管理银行将该物业管理区域内业主交存的住宅专项维修资金账面余额划转至业主大会开立的住宅专项维修资金账户，并将有关账目等移交业主委员会。④住宅专项维修资金划转后的账目管理单位，由业主大会决定。业主大会应当建立住宅专项维修资金管理制度。业主大会开立的住宅专项维修资金账户，应当接受所在地直辖市、市、县人民政府建设（房地产）主管部门的监督。

11. 业主分户账面住宅专项维修资金余额不足首期交存额 30% 的，应当及时续交。

（三）维修资金使用

1. 住宅专项维修资金应当专项用于住宅共用部位、共用设施设备保修期满后的维修和更新、改造，不得挪作他用。

2. 住宅专项维修资金的使用，应当遵循方便快捷、公开透明、受益人和负担人相一致的原则。

3. 住宅共用部位、共用设施设备的维修和更新、改造费用，按照下列规定分摊：①商品住宅之间或者商品住宅与非住宅之间共用部位、共用设施设备的维修和更新、改造费用，由相关业主按照各自拥有物业建筑面积的比例分摊。②售后公有住房之间共用部位、共用设施设备的维修和更新、改造费用，由相关业主和公有住房售房单位按照所交存住宅专项维修资金的比例分摊。其中，应由业主承担的，再由相关业主按照各自拥有物业建筑面积的比例分摊。③售后公有住房与商品住宅或者非住宅之间共用部位、共用设施设备的维修和更新、改造费用，先按照建筑面积比例分摊到各相关物业。其中，售后公有住房应分摊的费用，再由相关业主和公有住房售房单位按照所交存住宅专项维修资金的比例分摊。

4. 住宅共用部位、共用设施设备维修和更新、改造，涉及尚未售出的商品住宅、非住宅或者公有住房的，开发建设单位或者公有住房单位应当按照尚未售出商品住宅或者公有住房的建筑面积，分摊维修和更新、改造费用。

5. 住宅专项维修资金划转业主大会管理前，需要使用住宅专项维修资金的，按照以下程序办理：①物业服务企业根据维修和更新、改造项目提出使用建议；没有物业服务企业的，由相关业主提出使用建议。②住宅专项维修资金列支范围内专有部分占建筑物总面积三分之二以上的业主且占总人数三分之二以上的业主讨论通过使用建议。③物业服务企业或者相关业主组织实施使用方案。④物业服务企业或者相关业主持有关材料，向所在地直辖市、市、县人民政府建设主管部门申请列支。其中，动用公有住房住宅专项维修资金的，向负责管理公有住房住宅专项维修资金的部门申请列支。⑤直辖市、市、县人民政府建设主管部门或者负责管理公有住房住宅专项维修资金的部门审核同意后，向专户管理银行发出划转住宅专项维修资金的通知。⑥专户管理银行将所需住宅专项维修资金划转至维修单位。

6. 住宅专项维修资金划转业主大会管理后，需要使用住宅专项维修资金的，按照以下程序办理：①物业服务企业提出使用方案，使用方案应当包括拟维修和更新、改造的项目、费用预算、列支范围、发生危及房屋安全等紧急情况以及其他需临时使用住宅专项维修资金的情况的处置办法等。②业主大会依法通过使用方案。③物业服务企业组织实施使用方案。④物业服务企业持有关材料向业主委员会提出列支住宅专项维修资金。其中，动用公有住房住宅专项维修资金的，向负责管理公有住房住宅专项维修资金的部门申请列支。⑤业主委员会依据使用方案审核同意，并报直辖市、市、县人民政府建设（房地产）主管部门备案；动用公有住房住宅专项维修资金的，经负责管理公有住房住宅专项维修资金的部门审核同意；直辖市、市、县人民政府建设（房地产）主管部门或者负责管理公有住房住宅专项维修资金的部门发现不符合有关法律、法规、规章和使用方案的，应当责令改正。⑥业主委员会、负责管理公有住房住宅专项维修资金的部门向专户管理银行发出划转住宅专项维修资金的通知。⑦专户管理银行将所需住宅专项维修资金划转至维修单位。

7. 发生危及房屋安全等紧急情况，需要立即对住宅共用部位、共用设施设备进行维修和更新、改造的，发生前款情况后，未按规定实施维修和更新、改造的，直辖市、市、县人民政府建设（房地产）主管部门可以组织代修，维修费用从相关业主住宅专项维修资金分户账中列支。其中，涉及已售公有住房的，还应当从公有住房住宅专项维修资金中列支。

8. 下列费用不得从住宅专项维修资金中列支：①依法应当由建设单位或者施工单位承担的住宅共用部位、共用设施设备维修、更新和改造费用。②依法应当由相关单位承担的供水、供电、供气、供热、通信、有线电视等管线和设施设备的维修、养护费用。③应当由当事人承担的因人为损坏住宅共用部位、共用设施设备所需的修复费用。④根据物业服务合同约定，应当由物业服务企业承担的住宅共用部位、共用设施设备的维修和养护费用。

9. 在保证住宅专项维修资金正常使用的前提下，可以按照国家有关规定将住宅专项维修资金用于购买国债。

利用住宅专项维修资金购买国债，应当在银行间债券市场或者商业银行柜台市场购买一级市场新发行的国债，并持有到期。

利用业主交存的住宅专项维修资金购买国债的，应当经业主大会同意；未成立业主大会的，应当经专有部分占建筑物总面积三分之二以上的业主且占总人数三分之二以上的业主同意。

利用从公有住房售房款中提取的住宅专项维修资金购买国债的，应当根据售房单位的财政隶属关系，报经同级财政部门同意。

禁止利用住宅专项维修资金从事国债回购、委托理财业务或者将购买的国债用于质押、抵押等担保行为。

10. 下列资金应当转入住宅专项维修资金滚存使用：①住宅专项维修资金的存储利息；②利用住宅专项维修资金购买国债的增值收益；③利用住宅共用部位、共用设施设备进行经营的，业主所得收益，但业主大会另有决定的除外；④住宅共用设施设备报废后回收的残值。

（四）维修资金监督管理

住宅专项维修资金管理实行专户存储、专款专用、所有权人决策、政府监督的原则。

县级以上地方人民政府建设（房地产）主管部门会同同级财政部门负责本行政区域内住宅专项维修资金的指导和监督工作。

1.房屋所有权转让时，业主应当向受让人说明住宅专项维修资金交存和结余情况并出具有效证明，该房屋分户账中结余的住宅专项维修资金随房屋所有权同时过户。受让人应当持住宅专项维修资金过户的协议、房屋权属证书、身份证等到专户管理银行办理分户账更名手续。

2.房屋灭失的，按照以下规定返还住宅专项维修资金：①房屋分户账中结余的住宅专项维修资金返还业主。②售房单位交存的住宅专项维修资金账面余额返还售房单位；售房单位不存在的，按照售房单位财务隶属关系，收缴同级国库。

3.直辖市、市、县人民政府建设（房地产）主管部门，负责管理公有住房住宅专项维修资金的部门及业主委员会，应当每年至少一次与专户管理银行核对住宅专项维修资金账目，并向业主、公有住房售房单位公布下列情况：①住宅专项维修资金交存、使用、增值收益和结存的总额；②发生列支的项目、费用和分摊情况；③业主、公有住房售房单位分户账中住宅专项维修资金交存、使用、增值收益和结存的金额；④其他有关住宅专项维修资金使用和管理的情况。

4.专户管理银行应当每年至少一次向直辖市、市、县人民政府建设（房地产）主管部门，负责管理公有住房住宅专项维修资金的部门及业主委员会发送住宅专项维修资金对账单。

直辖市、市、县建设（房地产）主管部门，负责管理公有住房住宅专项维修资金的部门及业主委员会对资金账户变化情况有异议的，可以要求专户管理银行进行复核。

专户管理银行应当建立住宅专项维修资金查询制度，接受业主、公有住房售房单位对其分户账中住宅专项维修资金使用、增值收益和账面余额的查询。

5.住宅专项维修资金的管理和使用，应当依法接受审计部门的审计监督。

6.住宅专项维修资金的财务管理和会计核算应当执行财政部有关规定。

财政部门应当加强对住宅专项维修资金收支财务管理和会计核算制度执行情况的监督。

7.住宅专项维修资金专用票据的购领、使用、保存、核销管理，应当按照财政部以及省、自治区、直辖市人民政府财政部门的有关规定执行，并接受财政部门的监督检查。

第七章　安全管理与文明施工 ▪

第一节　文明施工管理

一、文明施工的概念、基本条件与要求

（一）文明施工的概念

文明施工是指工程建设实施过程中，保持施工现场良好的作业环境、卫生环境和工作秩序。施工现场文明施工的管理范围既包括施工作业区的管理，也包括办公区和生活区的管理。文明施工主要包括以下四方面的内容：

1. 规范施工现场的场容，保持作业环境的整洁卫生。
2. 科学组织施工，使生产有序进行。
3. 减少施工对周围居民和环境的影响。
4. 保证职工的安全和身体健康。

（二）文明施工的基本条件

1. 有整套的施工组织设计（或施工方案）。
2. 有健全的施工指挥系统及岗位责任制度。
3. 工序衔接交叉合理，交接责任明确。
4. 有严格的成品保护措施和制度。
5. 大小临时设施和各种材料、构件、半成品按平面布置堆放整齐。
6. 施工场地平整，道路畅通，排水设施得当，水电线路整齐。
7. 机具设备状况良好，使用合理，施工作业符合消防和安全要求。

（三）文明施工的基本要求

1. 工地主要入口要设置简朴规整的大门，门旁必须设立明显的标牌，标明工程名称、施工单位及工程负责人姓名等内容。
2. 施工现场建立文明施工责任制，划分区域，明确管理负责人，实行挂牌制度，做

到现场清洁整齐。

3. 施工现场场地平整，道路坚实畅通，有排水措施，基础、地下管道施工完成后应及时回填平整，清除积土。

4. 现场施工临时水电要有专人管理，不得有长流水、长明灯。

5. 施工现场的临时设施，包括生产、办公、生活用房、料场、仓库、临时上下水管道以及照明、动力线路，要严格按照施工组织设计确定的施工平面图布置、搭设或埋设整齐。

6. 工人操作地点及周围必须清洁整齐，做到工完场地清，及时清除楼梯、楼板上的杂物。

7. 砂浆、混凝土在搅拌、运输、使用过程中，要做到不洒、不漏、不剩，使用地点盛放砂浆、混凝土应有容器或垫板。

8. 要有严格的成品保护措施，禁止损坏、污染成品，堵塞管道。高层建筑要设置临时便桶，禁止在建筑物内大小便。

9. 建筑物内清除的垃圾渣土，要通过临时搭设的竖井或利用电梯井或采取其他措施稳妥下卸，禁止从门窗向外抛掷。

10. 施工现场不准乱堆垃圾及余物，应在适当地点设置临时堆放点，并定期外运。清运渣土垃圾及流体物品，要采取遮盖防漏措施，运送途中不得遗撒。

11. 根据工程性质和所在地区的不同情况，采取必要的围护和遮挡措施，并保持外观整齐清洁。

12. 针对施工现场情况，设置宣传标语和黑板报，并适时更换内容，切实起到表扬先进、促进后进的作用。

13. 施工现场禁止居住家属，严禁居民、家属、小孩在施工现场穿行、玩耍。

14. 现场使用的机械设备，要按平面布置规划固定点存放，遵守机械安全规程，经常保持机身及周围环境的清洁，机械的标记、编号明显，安全装置可靠。

15. 清洗机械排出的污水要有排放措施，不得随地流淌。

16. 在用的搅拌机、砂浆机旁必须设有沉淀池，不得将浆水直接排放到下水道及河流等处。

17. 塔式起重机轨道按规定铺设整齐稳固，塔边要封闭，道砟不外溢，路基内外排水畅通。

18. 施工现场应建立不扰民措施，针对施工特点设置防尘和防噪声设施，夜间施工必须有当地主管部门的批准。

二、文明施工管理的内容

（一）现场围挡

1. 施工现场必须采用封闭围挡，并根据地质、气候、围挡材料进行设计与计算，确保围挡的稳定性、安全性。

2. 围挡高度不得小于 1.8m，建造多层、高层建筑的，还应设置安全防护设施。在市区主要路段和市容景观道路及机场、码头、车站广场设置的围挡高度不得低于 2.5m，在其他路段设置的围挡高度不得低于 1.8m。

3. 施工现场的施工区域应与办公、生活区划分清晰，并应采取相应的隔离措施。

4. 围挡使用的材料应保证围挡坚固、整洁、美观，不宜使用彩布条、竹笆或安全网等。

5. 市政工程现场，可按工程进度分段设置围栏，或按规定使用统一的连续性围挡设施。

6. 施工单位不得在现场围挡内侧堆放泥土、砂石、建筑材料、垃圾和废弃物等，严禁将围挡做挡土墙使用。

7. 在经批准临时占用的区域，应严格按批准的占地范围和使用性质存放、堆卸建筑材料或机具设备等，临时区域四周应设置高于 1m 的围挡。

8. 在有条件的工地，四周围墙、宿舍外墙等地方，应张挂、书写反映企业精神、时代风貌及人性化的醒目宣传标语或绘画。

9. 雨后、大风后以及冻融季节应及时检查围挡的稳定性，发现问题及时处理。

（二）封闭管理

1. 施工现场进出口应设置固定的大门，且要求牢固、美观，门头按规定设置企业名称或标志（施工现场的门斗、大门，各企业应统一标准，施工企业可根据各自的特色，标明集团、企业的规范简称）。

2. 门口要设置专职门卫或保安人员，并制定门卫管理制度，对来访人员应进行登记，禁止外来人员随意出入，所有进出材料或机具都要有相应的手续。

3. 进入施工现场的各类工作人员应按规定佩戴工作胸卡和安全帽。

（三）施工场地

1. 施工现场的主要道路必须进行硬化处理，土方应集中堆放。集中堆放的土方和裸露的场地应采取覆盖、固化或绿化等措施。

2. 现场内各类道路应保持畅通。

3. 施工现场地面应平整，且应有良好的排水系统，保持排水畅通。

4. 制定防止泥浆、污水、废水外流以及堵塞排水管沟和河道的措施，实行三级沉淀、二级排放。

5. 工地应按要求设置吸烟处，有烟缸或水盆，禁止流动吸烟。

6. 现场存放的油料、化学溶剂等易燃易爆物品，应按分类要求放置于专门的库房内，地面应进行防渗漏处理。

7. 施工现场地面应经常洒水，对粉尘源进行覆盖或其他有效遮挡。

8. 施工现场长期裸露的土质区域，应进行力所能及的绿化布置，以美化环境，并防止扬尘现象。

（四）材料堆放

1. 施工现场各种建筑材料、构件、机具应按施工总平面布置图的要求堆放。

2. 材料堆放要按照品种、规格堆放整齐，并按规定挂置名称、品种、产地、规格、数量、进货日期等内容及状态（已检合格、待检、不合格等）的标牌。

3. 工作面每日应做到工完料清、场地净。

4. 建筑垃圾应在指定场所堆放整齐并标出名称、品种，并做到及时清运。

（五）职工宿舍

1. 职工宿舍要符合文明施工的要求，在建建筑物内不得兼做员工宿舍。

2. 生活区应保持整齐、整洁、有序、文明，并符合安全、消防、防台风、防汛、卫生防疫、环境保护等方面的要求。

3. 宿舍应设置在通风、干燥、地势较高的位置，防止污水、雨水流入。

4. 宿舍内应保证有必要的生活空间，室内净高不得小于2.4m，通道宽度不得小于0.9m，每间宿舍居住人员不得超过16人。

5. 施工现场宿舍必须设置可开启式窗户，宿舍内的床铺不得超过2层，严禁使用通铺。

6. 宿舍内应设置生活用品专柜，有条件的宿舍宜设置生活用品储藏室。

7. 宿舍内严禁存放施工材料、施工机具和其他杂物。

8. 宿舍周围应当做好环境卫生，按要求设置垃圾桶、鞋柜或鞋架，生活区内应提供为作业人员晾晒衣物的场地。

9. 宿舍外道路应平整，并尽可能地使夜间有足够的照明。

10. 冬季，北方严寒地区的宿舍应有保暖和防止煤气中毒措施；夏季，宿舍应有消暑和防蚊虫叮咬措施。

11. 宿舍不得留宿外来人员，特殊情况必须经有关领导及行政主管部门批准方可留宿，并报保卫人员备查。

12. 考虑到员工家属的来访，宜在宿舍区设置适量固定的亲属探亲宿舍。

13. 应当制定职工宿舍管理责任制，安排人员轮流负责生活区的环境卫生和管理，或安排专人管理。

（六）现场防火

1. 施工现场应建立消防安全管理制度。制定消防措施，施工现场临时用房和作业场所的防火设计应符合相关规范要求。

2. 根据消防要求，在不同场所合理配置种类合适的灭火器材；严格管理易燃、易爆物品，设置专门仓库存放。

3. 施工现场主要道路必须符合消防要求，并时刻保持畅通。

4. 高层建筑应按规定设置消防水源，并能满足消防要求，坚持安全生产的"三同时"。

5. 施工现场防火必须建立防火安全组织机构、义务消防队，明确项目负责人、其他管理人员及各操作人员的防火安全职责，落实防火制度和措施。

6. 施工现场须动用明火作业的，如电焊、气焊、气割、黏结防水卷材等，必须严格执行三级动火审批手续，并落实动火监护和防范措施。

7. 应按施工区域或施工层合理划分动火级别，动火必须具有"两证一器一监护"（焊工证、动火证、灭火器、监护人）。

8. 建立现场防火档案，并纳入施工资料管理。

（七）现场治安综合治理

1. 生活区应按精神文明建设的要求设置学习和娱乐场所，如电视机室、阅览室和其他文体活动场所，并配备相应器具。

2. 建立健全现场治安保卫制度，责任落实到人。

3. 落实现场治安防范措施，杜绝盗窃、斗殴、赌博等违法乱纪事件发生。

4. 加强现场治安综合治理，做到目标管理、职责分明，治安防范措施有力，重点要害部位防范措施到位。

5. 与施工现场的分包队伍须签订治安综合治理协议书，并加强法制教育。

（八）施工现场标牌

1. 施工现场入口处的醒目位置，应当公示"五牌一图"（工程概况牌、管理人员名单及监督电话牌、消防保卫牌、安全生产牌、文明施工牌、施工现场总平面布置图），标牌书写字迹要工整规范，内容要简明实用。标志牌规格：宽 1.2m、高 0.9m，标牌底边距地高为 1.2m。

2.《建筑施工安全检查标准》对"五牌"的内容未做具体规定，各企业可结合本地区、本工程的特点进行设置，也可以增加应急程序牌、卫生须知牌、卫生包干图、管理程序图、施工的安民告示牌等内容。

3. 在施工现场的明显处，应有必要的安全内容的标语，标语尽可能地考虑使用人性化的语言。

4.施工现场应设置"两栏一报"（宣传栏、读报栏和黑板报），应及时反映工地内外各类动态。

5.按文明施工的要求，宣传教育用字须规范，不使用繁体字和不规范的词句。

（九）生活设施

1.卫生设施

（1）施工现场应设置水冲式或移动式卫生间。卫生间地面应做硬化和防滑处理，门窗应齐全，蹲位之间宜设置隔板，隔板高度不宜低于0.9m。

（2）卫生间大小应根据作业人员的数量设置。高层建筑施工超过8层以后，每隔4层宜设置临时卫生间，卫生间应设专人负责清扫、消毒，防止蚊蝇滋生，化粪池应及时清理。

（3）淋浴间内应设置满足需要的淋浴喷头，可设置储衣柜或挂衣架，并保证24h的热水供应。

（4）盥洗设施设置应满足作业人员使用要求，并应使用节水用具。

2.现场食堂

（1）现场食堂必须有卫生许可证，炊事人员必须持身体健康证上岗。

（2）现场食堂应设置独立的制作间、储藏间，门扇下方应设不低于0.2m的防鼠挡板。

（3）现场食堂应设在远离卫生间、垃圾站、有毒有害场所等污染源的地方。

（4）制作间灶台及其周边应贴瓷砖，所贴瓷砖高度不宜低于1.5m，地面应做硬化和防滑处理。

（5）粮食存放台与墙和地面的距离不得小于0.2m。

（6）现场食堂应配备必要的排风和冷藏设施。

（7）现场食堂的燃气罐应单独设置存放间，存放间应通风良好并严禁存放其他物品。

（8）现场食堂制作间的炊具宜存放在封闭的橱柜内，刀、盆、案板等炊具应生熟分开，食品应有遮盖，遮盖物品正面应有标识。

（9）各种食用调料和副食应存放在密闭器皿内，并应有标识。

（10）现场食堂外应设置密闭式水桶，并应及时清运。

3.其他要求

（1）落实卫生责任制及各项卫生管理制度。

（2）生活区应设置开水炉、电热水器或饮用水保温桶，施工区应配备流动保温水桶。

（3）生活垃圾应有专人管理，分类盛放于有盖的容器内，并及时清运，严禁与建筑垃圾混放。

（十）保健急救

1.施工现场应按规定设置医务室或配备符合要求的急救箱，医务人员对现场卫生要起到监督作用，定期检查食堂饮食卫生情况。

2.落实急救措施和急救器材（如担架、绷带、夹板等）。

3.培训急救人员，掌握急救知识，进行现场急救演练。

4.适时开展卫生防病和健康宣传教育，保障施工人员身心健康。

（十一）社区服务

1.制定并落实防止粉尘飞扬和降低噪声的方案或措施。

2.夜间施工除应按当地有关部门的规定执行许可证制度外，还应张挂安民告示牌。

3.严禁现场焚烧有毒、有害物质。

4.切实落实各类施工不扰民措施，消除泥浆、噪声、粉尘等影响周边环境的因素。

三、施工现场环境保护

（一）大气污染的防治

1.产生大气污染的施工环节

（1）引起扬尘污染的施工环节

①土方施工及土方堆放过程中的扬尘。

②搅拌桩、灌注桩施工过程中的水泥扬尘。

③建筑材料（砂、石、水泥等）堆场的扬尘。

④混凝土、砂浆拌制过程中的扬尘。

⑤脚手架和模板安装、清理和拆除过程中的扬尘。

⑥木工机械作业的扬尘。

⑦钢筋加工、除锈过程中的扬尘。

⑧运输车辆造成的扬尘。

⑨砖、砌块、石等切割加工作业的扬尘。

⑩道路清扫的扬尘。

⑪建筑材料装卸过程中的扬尘。

⑫建筑和生活垃圾清扫的扬尘等。

（2）引起空气污染的施工环节

①某些防水涂料施工过程中的污染。

②有毒化工原料使用过程中的污染。

③油漆涂料施工过程中的污染。

④施工现场的机械设备、车辆的尾气排放的污染。

⑤工地擅自焚烧废弃物对空气的污染等。

2.防止大气污染的主要措施

（1）施工现场的渣土要及时清理出现场。

（2）施工现场作业场所内建筑垃圾的清理，必须采用相应容器、管道运输或采用其他有效措施。严禁凌空抛掷。

（3）施工现场的主要道路必须进行硬化处理，并指定专人定期洒水清扫，防止道路扬尘，并形成制度。

（4）土方应集中堆放，裸露的场地和集中堆放的土方应采取覆盖、固化或绿化等措施。

（5）渣土和施工垃圾运输时，应采用密闭式运输车辆或采取有效的覆盖措施。施工现场出入口处应采取保证车辆清洁的措施。

（6）施工现场应使用密目式安全网对施工现场进行封闭，防止施工过程扬尘。

（7）对细粒散状材料（如水泥、粉煤灰等）应采用遮盖、密闭措施，防止和减少尘土飞扬。

（8）对进出现场的车辆应采取必要的措施，消除扬尘、抛洒和夹带现象。

（9）许多城市已不允许现场搅拌混凝土。在允许搅拌混凝土或砂浆的现场，应将搅拌站封闭严密，并在进料仓上方安装除尘装置，采取可靠措施控制现场粉尘污染。

（10）拆除既有建筑物时，应采用隔离、洒水等措施防止扬尘，并应在规定期限内将废弃物清理完毕。

（11）施工现场应根据风力和大气湿度的具体情况，确定合适的作业时间及内容。

（12）施工现场应设置密闭式垃圾站。施工垃圾、生活垃圾应分类存放，并及时清运。

（13）施工现场的机械设备、车辆的尾气排放应符合国家环保排放标准要求。

（14）城区、旅游景点、疗养区、重点文物保护地及人口密集区的施工现场应使用清洁的能源。

（15）施工时遇到有毒化工原料，除施工人员做好安全防护外，应按相关要求做好环境保护。

（16）除设有符合要求的装置外，严禁在施工现场焚烧各类废弃物以及其他会产生有毒、有害烟尘和恶臭的物质。

（二）噪声污染的防治

1.引起噪声污染的施工环节

（1）施工现场人员大声的喧哗。

（2）各种施工机具的运行和使用。

（3）安装及拆卸脚手架、钢筋、模板等。

（4）爆破作业。

（5）运输车辆的往返及装卸。

2. 防治噪声污染的措施

施工现场噪声的控制技术可从声源、传播途径、接收者防护等方面考虑。声源控制，从声源上降低噪声，这是防止噪声污染的根本措施。具体措施如下：

（1）尽量采用低噪声设备和工艺替代高噪声设备和工艺，如低噪声振动器、电动空压机、电锯等。

（2）在声源处安装消声器消声，如在通风机、鼓风机、压缩机以及各类排气装置等进出风管的适当位置安装消声器。

（3）传播途径控制。在传播途径上控制噪声的方法主要有以下几项：

①吸声

利用吸声材料或吸声结构形成的共振结构吸收声能，降低噪声。

②隔声

应用隔声结构，阻止噪声向空间传播，将接收者与噪声声源分隔。隔声结构包括隔声室、隔声罩、隔声屏障、隔声墙等。

③消声

利用消声器阻止传播，如对空气压缩机、内燃机等产生的噪声利用消声器进行消声。

④减震降噪

对来自震动引起的噪声，通过降低机械震动减少噪声，如将阻尼材料涂在制动源上，或改变震动源与其他刚性结构的连接方式等。

⑤严格控制人为噪声

进入施工现场不得高声叫喊、无故敲打模板、乱吹口哨，限制高音喇叭的使用，最大限度地减少噪声扰民。

（4）接收者防护，让处于噪声环境下的人员使用耳塞、耳罩等防护用品，减少相关人员在噪声环境中的暴露时间，以减轻噪声对人体的危害。

（5）控制强噪声作业时间，凡在人口稠密区进行强噪声作业时，必须严格控制作用时间，一般在 22 时至次日 6 时期间停止打桩作业等强噪声作业。确系特殊情况必须昼夜施工时，建设单位和施工单位应于 15 日前，到环境保护和住房城乡建设主管等部门提出申请，经批准后方可进行夜间施工，并会同居委会或村委会，公告附近居民，且做好周围群众的安抚工作。

（6）施工现场噪声的限值，施工现场的噪声不得超过国家标准《建筑施工场界环境噪声排放标准》的规定。

（7）施工单位应对施工现场的噪声值进行监控和记录。

（三）水污染的防治

1. 引起水污染的施工环节

（1）桩基础施工、基坑护壁施工过程的泥浆。

（2）混凝土（砂浆）搅拌机械、模板、工具的清洗产生的泥浆污水。

（3）现场制作水磨石施工的泥浆。

（4）油料、化学溶剂泄漏。

（5）生活污水。

（6）将有毒废弃物掩埋于土中等。

2. 防治水污染的主要措施

（1）回填土应过筛处理。严禁将有害物质掩埋于土中。

（2）施工现场应设置排水沟和沉淀池。现场废水严禁直接排入市政污水管网和河流。

（3）现场存放的油料、化学溶剂等应设有专门的库房。库房地面应进行防渗漏处理。使用时，还应采取防止油料和化学溶剂跑、冒、滴、漏的措施。

（4）卫生间的地面、化粪池等应进行抗渗处理。

（5）食堂、盥洗室、淋浴间的下水管线应设置隔离网，并应与市政污水管线连接，保证排水通畅。

（6）食堂应设置隔油池，并应及时清理。

（四）固体废弃物污染的防治

固体废弃物是指生产、日常生活和其他活动中产生的固态、半固态废弃物质。固体废弃物是一个极其复杂的废物体系。按其化学组成可分为有机废弃物和无机废弃物，按其对环境和人类的危害程度可分为一般废弃物和危险废弃物。固体废弃物对环境的危害是全方位的，主要会侵占土地、污染土壤、污染水体、污染大气、影响环境卫生等。

1. 建筑施工现场常见的固体废弃物

（1）建筑渣土，包括砖瓦、碎石、混凝土碎块、废钢铁、废屑、废弃装饰材料等。

（2）废弃材料，包括废弃的水泥、石灰等。

（3）生活垃圾，包括炊厨废物、丢弃食品、废纸、废弃生活用品等。

（4）设备、材料等的废弃包装材料等。

2. 固体废弃物的处置

固体废弃物处理的基本原则是采取资源化、减量化和无害化处理，对固体废弃物产生的全过程进行控制。固体废弃物的主要处理方法有以下几项：

（1）回收利用

回收利用是对固体废弃物进行资源化、减量化的重要手段之一。对建筑渣土可视具体情况加以利用；废钢铁可按需要用作金属原材料；对废电池等废弃物应分散回收，集中处理。

（2）减量化处理

减量化处理是对已经产生的固体废弃物进行分选、破碎、压实浓缩、脱水等减少其最终处置量，降低处理成本，减少对环境的污染。在减量化处理的过程中，也包括和其他处理技术相关的工艺方法，如焚烧、解热、堆肥等。

（3）焚烧技术

焚烧用于不适合再利用且不宜直接予以填埋处置的固体废弃物，尤其是对受到病菌、病毒污染的物品，可以用焚烧进行无害化处理。焚烧处理应使用符合环境要求的处理装置，注意避免对大气的二次污染。

（4）稳定和固化技术

稳定和固化技术是指利用水泥、沥青等胶结材料，将松散的固体废弃物包裹起来，减小废弃物的毒性和可迁移性，使得污染减少的技术。

（5）填埋

填埋是固体废弃物处理的最终补救措施，经过无害化、减量化处理的固体废弃物残渣集中到填埋场进行处置。填埋场应利用天然或人工屏障，尽量使需要处理的废物与周围的生态环境隔离，并注意废物的稳定性和长期安全性。

（五）照明污染的防治

夜间施工应当严格按照住房城乡建设主管部门和有关部门的规定，对施工照明器具的种类、灯光亮度加以严格控制，特别是在城市市区、居民居住区内，必须采取有效的措施，减少施工照明对附近城市居民的危害。

四、文明工地的创建

（一）确定文明工地管理目标

创建文明工地是建筑施工企业提高企业形象，深入贯彻以人为本、构建和谐社会的重要举措，确定文明工地管理目标又是实现文明工地的先决条件。

1.确定文明工地管理目标时应考虑的因素

（1）工程项目自身的危险源与不利环境因素识别、评价和防范措施。

（2）适用法规、标准、规范和其他要求的选择和确定。

（3）可供选择的技术和组织方案。

（4）生产经营管理上的要求。

（5）社会相关方（社区居委会或村民委员会、居民、毗邻单位等）的意见和要求。

2.文明工地管理目标

工程项目部创建文明工地，管理目标一般应包括以下两大项：

（1）安全管理目标

①伤、亡事故控制目标。

②火灾、设备事故、管线事故以及传染病传播、食物中毒等重大事故控制目标。

③标准化管理目标。

（2）环境管理目标

①文明工地管理目标。

②重大环境污染事件控制目标。

③扬尘污染物控制目标。

④废水排放控制目标。

⑤噪声控制目标。

⑥固体废弃物处置目标。

⑦社会相关方投诉的处理情况。

（二）建立创建文明工地的组织机构

工程项目经理部要建立以项目经理为第一责任人的创建文明工地责任体系，建立健全文明工地管理组织机构。

工程项目部文明工地领导小组，由项目经理、项目副经理、项目技术负责人以及安全、技术、施工等主要部门（岗位）负责人组成。

文明工地工作小组主要包括以下小组：

1.综合管理工作小组。

2.安全管理工作小组。

3.质量管理工作小组。

4.环境保护工作小组。

5.卫生防疫工作小组。

6.季节性灾害防范工作小组等。

各地还可以根据当地气候、环境、工程特点等因素建立相关工作小组。

（三）制定创建文明工地的规划措施及实施要求

1.规划措施

文明施工规划措施应与施工规划设计同时按规定进行审批。主要包括以下规划措施：

（1）施工现场平面划分与布置。

（2）环境保护方案。

（3）现场预防安全事故措施。

（4）卫生防疫措施。

（5）现场保安措施。

（6）现场防火措施。

（7）交通组织方案。

（8）综合管理措施。

（9）社区服务。

（10）应急救援预案等。

2.实施要求

工程项目部在开工后，应严格按照文明施工方案（措施）组织施工，并对施工现场管理实施控制。工程项目部应将有关文明施工的规划，向社会张榜公示，告知开竣工日期、投诉和监督电话，自觉接受社会各界的监督。

工程项目部要强化全体员工教育，提高全员安全生产和文明施工的素质。工程项目部可利用横幅、标语、黑板报等形式，加强有关文明施工的法律、法规、规程、标准的宣传工作，使得文明施工深入人心。

工程项目部在对施工人员进行安全技术交底时，必须将文明施工的有关要求同时进行交底，并在施工作业时督促其遵守相关规定，高标准、严要求地做好文明工地创建工作。

（四）加强创建过程的控制与检查

对创建文明工地规划措施的执行情况，工程项目部要严格执行日常巡查和定期检查制度，检查工作要从工程开工做起，直至竣工交验为止。

工程项目部每月检查应不少于四次。检查应依据国家、行业、地方和企业等有关规定，对施工现场的安全防护措施、环境保护措施、文明施工责任制以及各项管理制度等落实情况进行重点检查。

在检查中发现的一般安全隐患和违反文明施工的现象，要按"三定"（定人、定期限、定措施）原则予以整改；对各类重大安全隐患和严重违反文明施工的现象，项目部必须认真地进行原因分析，制定纠正和预防措施，并对实施情况进行跟踪检查。

（五）文明工地的评选

施工企业内部的文明工地评选，应参照有关文明工地检查评分标准以及本企业有关文明工地评选规定进行。

参加省、市级文明工地的评选，应按照本行政区域内住房城乡建设主管部门的有关规定，实行预申报与推荐相结合、定期检查与不定期抽查相结合的方式进行评选。

申报文明工地的工程提交的书面资料包括以下内容：

1.工程中标通知书。

2.施工现场安全生产保证体系审核认证通过证书。

3.安全标准化管理工地结构阶段复验合格审批单。

4.文明工地推荐表。

5.设区市建筑安全监督机构检查评分资料一式一份。

6.省级建筑施工文明工地申报表一式两份。

7.工程所在地住房城乡建设主管部门规定的其他资料。

8. 在创建省级文明工地项目过程中，在建项目有下列情况之一的，取消省级文明工地评选资格：

①发生重大安全责任事故的。

②省、市住房城乡建设主管部门随机抽查分数低于 70 分的。

③连续两次考评分数低于 85 分的。

④有违法违纪行为的。

五、安全标志的管理

（一）安全色与安全标志的规定

1. 安全色

安全色是传递安全信息含义的颜色，用来表示禁止、警告、指令、指示等。其作用在于使人们能迅速发现或分辨安全标志，提醒人们注意，预防事故发生。安全色包括红、蓝、黄、绿四种颜色。

（1）红色表示禁止、停止、消防和危险的意思。

（2）蓝色表示指令必须遵守的意思。

（3）黄色表示通行、安全和提供信息的意思。

（4）绿色表示通行、安全和提供信息的意思。

2. 安全标志

安全标志是用以表达特定安全信息的标志，由图形符号、安全色、几何形状（边框）或文字构成。安全标志的作用，主要在于引起人们对不安全因素的注意，预防事故发生，但不能代替安全操作规程和防护措施。

（二）安全标志的设置要求

1. 根据工程特点及施工不同阶段，有针对性地设置安全标志。

2. 必须使用国家或省市统一的安全标志。补充标志是安全标志的文字说明，必须与安全标志同时使用。

3. 各施工阶段的安全标志应是根据工程施工的具体情况进行增补或删减，其变动情况可在安全标志登记表中注明。

4. 标志牌应设在与安全有关的醒目地方，并使大家看见后，有足够的时间来注意它所表示的内容。

5. 施工现场安全标志的设置应在明显位置，并绘制安全标志设置位置平面图。

6. 标志牌不应设在门、窗、架等可移动的物体上，以免标志牌随这些物体相应移动，影响认读。

7. 标志牌应设置在明亮的环境中，牌前不得放置妨碍认读的障碍物。

8. 多个标志牌在一起设置时，应按警告、禁止、指令、提示类型的顺序，先左后右、先上后下地排列。

9. 标志牌设置的高度，应尽量与人眼的视线高度相一致。悬挂式和柱式的环境信息标志牌的下缘距离地面的高度不宜小于 2m；局部信息标志的设置高度应视具体情况确定，一般为 1.6 ~ 1.8m。

10. 安全标志牌应经常检查，至少每半年检查一次，如发现有破损、变形、褪色等不符合要求时应及时修整或更换，以保证安全标志牌正确、醒目，达到安全警示的目的。

第二节　安全教育与安全活动管理

一、安全教育

（一）安全生产教育培训制度

施工单位应当建立健全安全生产教育培训制度。安全生产教育培训制度的主要内容包括意义和目的、种类和对象、内容和要求、培训大纲、教材、学时、形式和方法、师资、教学设备、教具、实践教学、登记、考核和教育培训档案等。

1. 意义和目的

（1）安全教育的意义

①安全教育是掌握各种安全知识、避免职业危害的主要途径。

②安全教育是企业发展的需要。

③安全教育是适应企业人员结构变化的需要。

④安全教育是搞好安全管理的基础性工作。

⑤安全教育是发展、弘扬企业安全文化的需要。

⑥安全教育是安全生产向广度和深度发展的需要。

（2）安全教育的目的

①提高全员安全素质。

②提高企业安全管理水平。

③防止事故发生，实现安全生产。

2. 安全教育的对象

（1）企业法定代表人、项目经理。

（2）企业专职安全管理人员。

（3）企业其他管理人员和技术人员。

（4）企业特殊工种。

（5）企业其他职工。

（6）企业待岗、转岗、换岗的职工。

（7）建筑业企业新进场的工人（包括合同工、临时工、学徒工、实习人员、代培人员等）必须接受公司、项目部（或工区、工程处、施工队）、班组的三级安全培训教育。

3. 安全教育的种类

（1）按教育的内容分类

安全教育主要有五方面的内容，即安全法制教育、安全思想教育、安全知识教育、安全技能教育和事故案例教育，这些内容是互相结合、互相穿插、各有侧重的，形成安全教育生动、触动、感动和带动的连锁效应。

（2）按教育的时间分类

按教育的时间分类，可以分为采用"五新"（新技术、新工艺、新产品、新设备、新材料）时的安全教育、经常性的安全教育、季节性施工的安全教育和节假日加班的安全教育等。

4. 安全教育的形式

（1）召开会议

如安全培训、安全讲座、报告会、先进经验交流、安全现场会、展览会、知识竞赛等。

（2）报刊宣传

订阅或编制安全生产方面的书报或刊物，也可编制一些安全宣传的小册子等。

（3）音像制品

如电影、电视、VCD 片、音像等。

（4）文艺演出

如小品、相声、短剧、快板、评书等。

（5）图片展览

如安全专题展览、板报等。

（6）悬挂标牌或标语

如悬挂安全警示标牌、标语、宣传横幅等。

（7）现场观摩

如现场观摩安全操作方法、应急演练等。

安全教育的形式应当结合建筑生产的特点和员工的文化水平而定，尽可能采取丰富多彩、行之有效的教育形式，使安全教育深入每个员工的内心。

（二）建筑施工企业管理人员安全生产考核

1. 企业管理人员安全生产考核管理的相关规定

（1）主要考核对象

建筑施工企业（含独立法人子公司）的主要负责人、项目负责人和专职安全生产管理人员。

（2）考核管理机关

国务院住房城乡建设主管部门负责全国建筑施工企业管理人员安全生产的考核工作，并负责中央管理的建筑施工企业管理人员安全生产考核和发证工作。

（3）申请条件

建筑施工企业管理人员应当具备相应的文化程度、专业技术职称和一定的安全生产工作经历，并经企业年度安全生产教育培训合格后，方可参加住房城乡建设主管部门组织的安全生产考核。

（4）考核内容

建筑施工企业管理人员安全生产考核内容包括安全生产知识考试和管理能力考核。

（5）有效期

安全生产考核合格证书的有效期为三年。有效期满需要延期的，应当于期满前三个月内向原发证机关申请办理延期手续。

（6）监督管理

住房城乡建设主管部门对建筑施工企业管理人员履行安全生产管理职责情况进行监督检查，发现有违反安全生产法律法规、未履行安全生产管理职责、不按规定接受年度安全生产教育培训、发生死亡事故，情节严重的，收回安全生产考核合格证书，并限期改正，重新考核。

2. 企业管理人员安全知识考试的主要内容

（1）国家有关建筑安全生产的方针政策、法律、法规、部门规章、标准及有关规范性文件，省、市有关建筑安全生产的法规、规章、标准及规范性文件。

（2）建筑施工企业管理人员的安全生产职责。

（3）建筑安全生产管理的基本制度，包括安全生产责任制、安全教育培训制度、安全检查制度、安全资金保障制度、专项安全施工方案的审批和论证制度、消防安全制度、意外伤害保险制度、事故应急救援预案制度、安全事故统计上报制度、安全生产许可制度和安全评价制度等。

（4）建筑施工企业安全生产管理基本理论、基本知识以及国内外建筑安全生产的发展历程、特点和管理经验。

（5）企业安全生产责任制和安全生产规章制度的内容及制定方法，施工现场安全监督检查的基本知识、内容和方法。

（6）重大、特大事故应急救援预案和现场救援。

（7）生产安全事故报告、调查和处理。

（8）建筑施工安全专业知识和施工安全技术。

（9）典型事故案例分析。

3.建筑施工企业专职安全生产管理人员安全生产管理能力考核的主要内容

（1）贯彻执行国家有关建筑安全生产方针、政策、法律、法规和标准，以及省、市有关建筑安全生产的法规、规章、标准、规范和规范性文件情况。

（2）企业安全生产管理机构负责人是否能够依据企业安全生产实际，适时修订企业安全生产规章制度，调配各级安全生产管理人员，监督、指导并评价企业各部门或分支机构的安全生产管理工作，配合有关部门进行事故的调查处理。

（3）企业安全生产管理机构工作人员是否能够做好安全生产相关数据统计、安全防护和劳动保护用品的配备及检查、施工现场安全督查等工作。

（4）施工现场专职安全生产管理人员是否能够认真负责施工现场的安全生产巡视督查，做好检查记录，发现现场存在安全隐患时，是否能够及时向企业安全生产管理机构和工程项目经理报告，对违章指挥、违章操作是否能够立即制止。

（5）事故发生后，是否能够积极参加抢救和救护，及时、如实地报告，积极配合事故的调查处理。

（6）安全生产业绩。

（三）新工人三级安全教育培训

1.新工人三级安全教育培训的主要内容

（1）公司级安全教育培训主要的内容

①安全生产的意义和基础知识。

②国家安全生产方针、政策、法律法规。

③国家、行业安全技术标准、规范、规程。

④地方有关安全生产的规定和安全技术标准、规范、规程。

⑤企业安全生产规章制度等。

⑥企业历史上发生的重大安全事故和应吸取的教训。

（2）项目级安全教育培训主要的内容

①施工现场安全管理规章、制度及有关规定。

②各工种的安全技术操作规程。

③安全生产、文明施工的基本要求和劳动纪律。

④工程项目基本情况，包括现场环境、施工特点、危险作业部位及安全注意事项。

⑤安全防护设施的位置、性能和作用。

（3）班组级安全教育培训主要的内容

①本班组从事作业的基本情况，包括现场环境、施工特点、危险作业部位及安全注意事项。

②本班组使用的机具设备及安全装置的安全使用要求。

③个人安全防护用品的安全使用规则和维护知识。

④班组的安全要求及班组安全活动等。

2.新工人三级安全教育培训的要求

（1）公司级安全教育培训一般由企业的教育、劳动人事、安全、技术等部门配合进行，项目级安全教育培训一般由项目负责人和负责项目安全、技术管理工作的人员组织，班组级安全教育培训一般由班组长组织。

（2）受教育者必须经过教育培训考核合格后方可上岗。

（3）要将三级安全教育培训和考核等情况记入职工安全教育档案。

（四）建筑施工特种作业人员管理

1.建筑施工特种作业人员的培训

（1）培训内容

特种作业人员的培训内容包括安全技术理论和实际操作技能。其中，安全技术理论包括安全生产基本知识、专业基础知识和专业技术理论等内容；实际操作技能主要包括安全操作要领，常用工具的使用，主要材料、元配件、隐患的辨识，安全装置调试，故障排除，紧急情况处理等技能。培训教学采用全省统一的大纲和教材。

（2）培训机构

从事特种作业人员培训的机构，由省市住房城乡建设主管部门统一布点。培训机构除应具备有关部门颁发的相应资质外，还应具备培训建筑施工特种作业人员的下列条件：

①与所从事培训工种相适应的安全技术理论、实际操作师资力量。

②有固定和相对集中的校舍、场地及实习操作场所。

③有与从事培训工种相适应的教学仪器、图书、资料以及实习操作仪器、设施、设备、器材、工具等。

④有健全的教学、实习管理制度。

2.建筑施工特种作业人员的考核和发证

（1）考核申请

通常情况下，在培训合格后由培训机构集中向考核机关提出考核申请。培训机构除向考核机关提交培训合格人员名单外，还应提供申请人的个人资料。

（2）考核受理

考核机构应当自收到申请人提交的申请材料之日起五个工作日内依法做出受理或者不予受理的决定。不予受理的，应当当场或书面通知申请人并说明理由。对于受理的申请，考核发证机关应当及时向申请人核发准考证。

（3）考核审查

对已经受理的申请，考核机构应当在五个工作日内完成对申请材料的审查，并做出是否准予考核的决定，书面通知申请人。不准予考核的，也应当书面通知申请人并说明理由。

（4）考核内容

特种作业人员的考核内容包括安全技术理论考试和实际操作技能考核。安全技术理论考试，一般采取闭卷考试的方式；实际操作技能考核，一般采取现场模拟操作和口试方式。对于考核不合格的，允许补考一次；补考仍不合格的，应当重新接受专门培训。

（5）证书颁发

对于考核合格的，由市住房城乡建设主管部门向省建设行政主管部门申请核发证书。经省建设行政主管部门审核符合条件的，由省住房城乡建设主管部门统一颁发资格证书，并定期公布证书核发情况。资格证书采用国务院住房城乡建设主管部门规定的统一样式，全省统一编号。

（6）证书延期复核

①有效期。特种作业人员操作资格证书有效期为两年。有效期满需要延期的，应当于期满前三个月内向原考核发证机关申请办理延期复核手续。延期复核合格的，资格证书有效期延期两年。

②延期复核内容。特种作业人员操作资格证书延期复核的内容主要包括身体状况、年度安全教育培训和继续教育情况、责任事故和违法违章情况等。

3.证书管理

（1）证书的保管

特种作业人员应妥善保管好自己的特种作业人员操作资格证书。任何单位和个人不得非法涂改、非法扣押、倒卖、出租、出借或者以其他形式转让资格证书。

（2）证书的补发

资格证书遗失、损毁的，持证人应当在公共媒体上声明作废，并在一个月内持声明作废材料向原考核发证机关申请办理补证手续。

（3）证书的撤销

有下列情形之一的，考核发证机关依据职权撤销资格证书：

①考核发证机关工作人员违法核发资格证书的。

②考核发证机关工作人员对不具备申请资格或者不符合规定条件的申请人核发资格证书的。

③持证人弄虚作假骗取资格证书或者办理延期复核手续的。

④考核发证机关规定应当撤销资格证书的其他情形。

（4）证书的注销

有下列情形之一的，考核发证机关依据职权注销资格证书：

①按规定不予延期的。

②持证人逾期未申请办理延期复核手续的。

③持证人死亡或者不具有完全民事行为能力的。

④考核发证机关规定应当注销的其他情形。

（5）证书的吊销

有下列情形之一的，考核发证机关依据职权吊销资格证书：

①持证人违章作业造成生产安全事故或者其他严重后果的。

②持证人发现事故隐患或者其他不安全因素未立即报告而造成严重后果的。

违反上述规定造成生产安全事故的，持证人三年内不得再次申请资格证书；造成较大事故的，终身不得申请资格证书。

（五）采用新技术、新工艺、新材料和新设备时的安全教育培训

采用新技术、新工艺、新材料、新设备时的安全教育培训由施工单位技术部门和安全部门负责进行，其内容主要有以下几项：

1.新技术、新工艺、新材料、新设备的特点、特性和使用方法。

2.新技术、新工艺、新材料、新设备投产使用后可能导致的新的危害因素及其防护方法。

3.新设备的安全防护装置的特点和使用。

4.新技术、新工艺、新材料、新设备的安全管理制度及安全操作规程。

5.采用新技术、新工艺、新材料、新设备应特别注意的事项。

（六）季节性安全教育

1.夏季施工安全教育

（1）安全用电知识

常见触电事故发生的原理、预防触电事故发生的常识、触电事故的一般解救方法等。

（2）预防雷击知识

雷击发生的原因、避雷装置的避雷原理、预防雷击的常识等。

（3）防坍塌安全知识

包括基坑开挖、坑壁支护、临时设施设置和使用的安全知识等。

（4）预防台风、暴风雨、泥石流等自然灾害的安全知识

（5）防暑降温、饮食卫生和卫生防疫等知识

2.冬季施工安全教育

（1）防冻、防滑知识

如施工作业面防结冰、防滑安全作业知识等。

（2）防火安全知识

施工现场常见火灾事故发生的原因分析、预防火灾事故的措施、消防器材的正确使用、扑救火灾的方法等。

（3）安全用电知识

冬季电取暖设备的安全使用知识等。

（4）防中毒知识

固态、液态及气态有毒有害物质的特性，中毒症状的识别，救护中毒人员的安全常识以及预防中毒的知识等。重点要加强预防取暖一氧化碳或煤气中毒、亚硝酸盐类混凝土添加剂误食中毒的知识。

（七）节假日安全教育

节假日安全教育是节假日期间及其前、后，为防止职工纪律松懈、思想麻痹等进行的安全教育。

节假日期间及前、后，职工的思想和工作情绪不稳定，思想不集中，注意力易分散，给安全生产带来不利影响，此时加强对职工的安全教育是非常必要的。根据施工队伍的人员组成特点，在农作物收割长假前后，也应当对职工进行有针对性的安全教育。节假日安全教育的内容有以下四项：

1.加强对管理人员和作业人员的思想教育，稳定职工工作情绪。

2.加强劳动纪律和安全规章制度的教育。

3.班组长要做好上岗前的安全教育，可以结合安全技术交底内容进行。

4.对较易发生事故的薄弱环节进行专门的安全教育。

二、安全活动管理

（一）日常安全会议

1.公司安全例会每季度一次，由公司质安部主持，公司安全主管经理、有关科室负责人、项目经理、分公司经理及其职能部门（岗位）安全负责人参加，总结一季度的安全生产情况，分析存在的问题，对下季度的安全工作重点做出布置。

2.公司每年末召开一次安全工作会议，总结一年来安全生产上取得的成绩和存在的不足，对本年度的安全生产先进集体和个人进行表彰，并布置下一年度的安全工作任务。

3.各项目部每月召开安全例会，由其安全部门（岗位）主持，安全分管领导、有关部门（岗位）负责人及外包单位负责人参加。传达上级安全生产文件、信息；对上月安全工作进行总结，提出存在问题；对当月安全工作重点进行布置，提出相应的预防措施。推广施工中的典型经验和先进事迹，以施工中发生的事故教育班组干部和施工人员，从中吸取教训。由安全部门做好会议记录。

4. 各项目部必须开展以项目全体、职能岗位、班组为单位的每周安全日活动，每次时间不得少于 2h，不得挪作他用。

5. 各班组在班前会上要进行安全讲话，预测当前不安全因素，分析班组安全情况，研究布置措施，做到"三交一清"（交施工任务、交施工环境、交安全措施和清楚本班职工的思想及身体情况）。

6. 班前安全讲话和每周安全活动日的活动要做到有领导、有计划、有内容、有记录，防止走过场。

7. 工人必须参加每周的安全活动日活动。各级领导及科室有关人员须定期参加基层班组的安全日活动，及时了解安全生产中存在的问题。

（二）每周的安全日活动内容

1. 检查安全规章制度执行情况和消除事故隐患。

2. 结合本单位安全生产情况，积极提出安全合理化建议。

3. 学习安全生产文件、通报，安全规程及安全技术知识。

4. 开展反事故演习和岗位练兵，组织各类安全技术表演。

5. 针对本单位安全生产中存在的问题，开展安全技术座谈和攻关。

6. 讲座分析典型事故，总结经验、吸取教训，找出事故原因，制定预防措施。

7. 总结上周安全生产情况，布置本周安全生产要求，表扬安全生产中的好人好事。

8. 参加公司和本单位组织的各项安全活动。

（三）班前安全活动

班前安全活动是班组安全管理的一个重要环节，是提高班组安全意识，做到遵章守纪，实现安全生产的途径。建筑工程安全生产管理过程中必须做好以下活动：

1. 每个班组每天上班前 15min，由班长认真组织全班人员进行安全活动，总结前一天安全施工情况，结合当天任务，进行分部分项的安全交底，并做好交底记录。

2. 对班前使用的机械设备、施工机具、安全防护用品、设施、周围环境等要认真进行检查，确认安全完好才能使用和进行作业。

3. 对新工艺、新技术、新设备或特殊部位的施工，应组织作业人员对安全技术操作规程及有关资料进行学习。

4. 班组长每月 25 日前要将上个月安全活动记录交给安全员，安全员检查登记并提出改进意见之后交资料员保管。

第三节　安全检查与隐患整改

一、安全检查

（一）安全检查的目的

1.通过检查,可以发现施工中的人的不安全行为和物的不安全状态、环境不卫生问题,从而采取对策,消除不安全因素,保障安全生产。

2.利用安全生产检查,进一步宣传、贯彻、落实国家安全生产方针、政策和各项安全生产规章制度。

3.安全检查实质上也是群众性的安全教育。通过检查,增强领导和群众的安全意识,纠正违章指挥、违章作业,提高做好安全生产的自觉性和责任感。

4.通过检查可以互相学习、总结经验、吸取教训、取长补短,有利于进一步促进安全生产工作。

5.通过安全生产检查,了解安全生产状态,为分析安全生产形势,研究如何加强安全管理提供信息和依据。

（二）安全检查的程序

1.确定检查对象、目的和任务。

2.制订检查计划,确定检查内容、方法和步骤。

3.组织检查人员（配备专业人员）,成立检查组织。

4.进入被检查单位进行实地检查和必要的仪器测量。

5.查阅有关安全生产的文件和资料并进行检查访谈。

6.做出安全检查结论,根据检查情况指出事故隐患和存在问题,提出整改建议和意见。

7.被检查单位按照"三定"（定人、定期限、定措施）原则进行整改。

8.被检查单位将整改情况报告检查组织,检查组织进行复查。

9.总结检查情况。

（三）安全检查的内容

建筑工程施工安全检查以查安全思想、查安全责任、查安全制度、查安全措施、查安全防护、查设备设施、查教育培训、查操作行为、查劳动防护用品使用和查伤亡事故处理等为主要内容。

1. 查安全思想

主要检查以项目经理为首的项目全体员工（包括分包作业人员）的安全生产意识和对安全生产工作的重视程度。

2. 查安全责任

主要检查现场安全生产责任制度的建立；安全生产责任目标的分解与考核情况；安全生产责任制与责任目标是否已落实到了每一个岗位和每一个人员，并得到了确认。

3. 查安全制度

主要检查现场各项安全生产规章制度和安全技术操作规程的建立和执行情况。

4. 查安全措施

主要检查现场安全措施计划及各项安全专项施工方案的编制、审核、审批及实施情况；重点检查方案的内容是否全面、措施是否具体并有针对性，现场的实施运行是否与方案规定的内容相符。

5. 查安全防护

主要检查现场临边、洞口等各项安全防护设施是否到位，有无安全隐患。

6. 查设备设施

主要检查现场投入使用的设备设施的购置、租赁、安装、验收、使用、过程维护保养等各个环节是否符合要求；设备设施的安全装置是否齐全、灵敏、可靠，有无安全隐患。

7. 查教育培训

主要检查现场教育培训岗位、人员、内容是否明确、具体、有针对性，三级安全教育制度和特种作业人员持证上岗制度的落实情况是否到位，教育培训档案资料是否真实、齐全。

8. 查操作行为

主要检查现场施工作业过程中有无违章指挥、违章作业、违反劳动纪律的行为发生。

9. 查劳动防护用品的使用

主要检查现场劳动防护用品用具的购置、产品质量、配备数量和使用情况是否符合安全与职业卫生的要求。

10. 查伤亡事故处理

主要检查现场是否发生伤亡事故；对发生的伤亡事故是否已按照"四不放过"的原则进行调查处理，是否已有针对性地制定了纠正与预防措施；制定的纠正与预防措施是否已得到落实并取得实效。

（四）安全检查的主要形式

建筑工程施工安全检查的主要形式一般可分为日常巡查，专项检查，定期安全检查，经常性安全检查，季节性安全检查，节假日安全检查，开工、复工安全检查，专业性安全检查和设备设施安全验收检查等。

1. 定期安全检查

建筑施工企业应建立定期分级安全检查制度。定期安全检查属于全面性和考核性的检查。建筑工程施工现场应至少每旬开展一次安全检查工作。施工现场的定期安全检查应由项目经理亲自组织。

2. 经常性安全检查

建筑工程施工应经常开展预防性的安全检查工作，以便及时发现并消除事故隐患，保证施工生产正常进行。施工现场经常性的安全检查方式主要有以下内容：①现场专职安全生产管理人员及安全值班人员每天例行开展的安全巡视、巡查。②现场项目经理、责任工程师及相关专业技术管理人员在检查生产工作的同时进行的安全检查。③作业班组在班前、班中、班后进行的安全检查。

3. 季节性安全检查

季节性安全检查主要是针对气候特点（如暑季、雨季、风季、冬季等）可能给安全生产造成的不利影响或带来的危害而组织的安全检查。

4. 节假日安全检查

在节假日，特别是重大或传统节假日（如春节、十一等）前后和节日期间，为防止现场管理人员和作业人员思想麻痹、纪律松懈等进行的安全检查。节假日加班，更要认真检查各项安全防范措施的落实情况。

5. 开工、复工安全检查。

针对工程项目开工、复工之前进行的安全检查，主要是检查现场是否具备保障安全生产的条件。

6. 专业性安全检查

由有关专业人员对现场某项专业安全问题或在施工生产过程中存在的比较系统性的安全问题进行的单项检查。这类检查专业性强，主要应由专业工程技术人员、专业安全管理人员参加。

7. 设备设施安全验收检查

针对现场塔式起重机等起重设备、外用施工电梯、龙门架及井架物料提升机、电气设备、脚手架、现浇混凝土模板支撑系统等设备设施在安装、搭设过程中或完成后进行的安全验收、检查。

（五）安全检查的组织

1. 公司级安全检查

公司负责按月或按季节、节假日组织的安全检查。由公司各部门（处、科）协助公司安全主管经理组织成立检查组，对公司安全管理情况进行检查。

2. 项目部级安全检查

项目部负责按月或按季节、节假日组织的安全检查。由项目部安全管理部门协助项目经理组织成立检查组，对本项目工程的安全管理情况进行检查。

3.班组级安全检查

班组各岗位的安全检查及日常管理，应由各班组长按照作业分工组织实施。

（六）安全检查的要求

1.根据检查内容配备力量，抽调专业人员，确定检查负责人，明确分工。

2.应有明确的检查目的和检查项目、内容及检查标准、重点、关键部位。对大面积或数量多的项目可采取系统的观感和一定数量的测点相结合的检查方法。检查时尽量采用检测工具，用数据说话。

3.对现场管理人员和操作工人不仅要检查是否有违章指挥和违章作业行为，还应进行"应知应会"的抽查，以便了解管理人员及操作工人的安全素质。对于违章指挥、违章作业行为，检查人员应当场指出、进行纠正。

4.认真、详细进行检查记录，特别是对隐患的记录必须具体，如隐患的部位、危险性程度及处理意见等。采用安全检查评分表的，应记录每项扣分的原因。

5.检查中发现的隐患应该进行登记，并发出隐患整改通知书，引起整改单位的重视，并作为整改的备查依据。对凡是有即发型事故危险的隐患，检查人员应责令其停工，被查单位必须立即整改。

6.尽可能系统、定量地做出检查结论，进行安全评价，以利受检单位根据安全评价研究对策、进行整改、加强管理。

7.检查后应对隐患整改情况进行跟踪复查，查被检单位是否按"三定"原则（定人、定期限、定措施）落实整改，经复查整改合格后，进行销案。

（七）安全检查的方法

建筑工程安全检查在正确使用安全检查表的基础上，可以采用"听""问""看""量""测""运转试验"等方法进行。

1."听"

听取基层管理人员或施工现场安全员汇报安全生产情况，介绍现场安全工作经验、存在的问题、今后的发展方向。

2."问"

主要是指通过询问、提问，对以项目经理为首的现场管理人员和操作工人进行的应知应会安全知识抽查，以便了解现场管理人员和操作工人的安全意识和安全素质。

3."看"

主要是指查看施工现场安全管理资料和对施工现场进行巡视。例如，查看项目负责人、专职安全管理人员、特种作业人员等的持证上岗情况，现场安全标志设置情况，劳动防护用品使用情况，现场安全防护情况，现场安全设施及机械设备安全装置配置情况等。现场查看，下述四句话往往能解决较多安全问题：

（1）有洞必有盖。有孔洞的地方必须设有安全盖板或其他防护设施，以保护作业人员安全。

（2）有轴必有套。有轴承处必须按要求装设轴套，以保护机械的运行安全。

（3）有轮必有罩。转动轮必须设有防护罩进行隔离，以保护人员的安全。

（4）有台必有栏。工地的施工操作平台，只要与坠落基准面高差在2m及2m以上，就必须安装防护栏杆，以免发生高处坠落伤害事故。

4."量"

主要是指使用测量工具对施工现场的一些设施、装置进行实测实量。例如，对脚手架各种杆件间距的测量、对现场安全防护栏杆高度的测量、对电气开关箱安装高度的测量、对在建工程与外电边线安全距离的测量等。

5."测"

主要是指使用专用仪器、仪表等监测器具对特定对象关键特性技术参数的测试。例如，使用漏电保护器测试仪对漏电保护器漏电动作电流、漏电动作时间的测试，使用地阻仪对现场各种接地装置接地电阻的测试，使用兆欧表对电机绝缘电阻的测试，使用经纬仪对塔式起重机、外用电梯安装垂直度的测试等。

6."运转试验"

主要是指由具有专业资格的人员对机械设备进行实际操作、试验，检验其运转的可靠性或安全限位装置的灵敏性。例如，对塔式起重机力矩限制器、变幅限位器、起重限位器等安全装置的试验，对施工电梯制动器、限速器、上下极限限位器、门连锁装置等安全装置的试验，对龙门架超高限位器、断绳保护器等安全装置的试验等。

二、隐患整改复查与奖惩

（一）隐患整改与复查

1.隐患登记

对检查出来的隐患和问题，检查组应分门别类地逐项进行登记。登记的目的是积累信息资料，并作为整改的备查依据，以便对施工安全进行动态管理。

2.隐患分析

将隐患信息进行分级，然后从管理上、安全防护技术措施上进行动态分析，对各个项目工程施工存在的问题进行横向和纵向的比较，找出"通病"和个例，发现"顽固症"，具体问题具体对待，查清产生安全隐患的原因，并分析原因，制定对策。

3.隐患整改

（1）针对安全检查过程发现的安全隐患，检查组应签发安全检查隐患整改通知单，由受检单位及时组织整改。

（2）整改时，要做到"四定"，即定整改责任人、定整改措施、定整改完成时间、定整改验收人。

（3）对检查中发现的违章指挥、违章作业行为，应立即制止，并报告有关人员予以纠正。

（4）对有即发性事故危险的隐患，检查组、检查人员应责令停工，立即整改。

（5）对客观条件限制暂时不能整改的隐患，应采取相应的临时防护措施，并报公司安全部门备案，制订整改计划或列入公司隐患治理整改项目，按照相应的规定进行治理。

4.复查

受检单位收到隐患整改通知书或停工指令书应立即进行整改，隐患进行整改后，受检单位应填写隐患整改回执单，按规定的期限上报隐患整改结果，由检查负责人派专人进行隐患整改情况的验收。

5.销案

检查单位针对相关复查部位确认合格后，在原隐患整改通知书及停工指令书上签署复查意见，复查人签名，即行销案。

（二）奖励与处罚

1.依据检查结果，对安全生产取得良好成绩和避免重大事故的有关人员给予表扬和奖励。

2.对安全体系不能正常运行，存在诸多事故隐患，危及安全生产的单位和个人按规定予以批评和处罚；对违章指挥、违章作业、违反劳动纪律的单位和个人按照公司奖惩规定予以处罚。

第四节　生产安全事故管理与应急

一、生产安全事故管理

（一）生产安全事故的概念、等级和类型

1.生产安全事故的概念

生产安全事故是指生产经营单位在生产经营活动中突然发生的，伤害人身安全和健康，或者损坏设备设施，或者造成经济损失的，导致原生产经营活动暂时中止或永远终

止的意外事件，也就是生产经营单位在生产经营活动中发生的造成人身伤亡或者直接经济损失的事故。

2. 生产安全事故的等级

根据生产安全事故造成的人员伤亡或者直接经济损失，事故一般分为以下等级：

（1）特别重大事故，是指造成 30 人以上死亡，或者 100 人以上重伤（包括急性工业中毒，下同），或者 1 亿元以上直接经济损失的事故。

（2）重大事故，是指造成 10 人以上 30 人以下死亡，或者 50 人以上 100 人以下重伤，或者 5 000 万元以上 1 亿元以下直接经济损失的事故。

（3）较大事故，是指造成 3 人以上 10 人以下死亡，或者 10 人以上 50 人以下重伤，或者 1 000 万元以上 5 000 万元以下直接经济损失的事故。

（4）一般事故，是指造成 3 人以下死亡，或者 10 人以下重伤，或者 1 000 万元以下直接经济损失的事故。

3. 生产安全事故的类型

按照事故原因划分，常见的建筑生产安全事故，有物体打击事故、高处坠落事故、触电事故、机械伤害事故、坍塌事故五种。

（二）事故的预防

1. 灾害预防的原则

（1）消除潜在危险的原则

这项原则在本质上是积极的、进步的，它是以新的方式、新的成果或改良的措施，消除操作对象和作业环境的危险因素，从而最大可能地保证安全。

（2）控制潜在危险数值的原则

比如采用双层绝缘工具、安全阀、泄压阀、控制安全指标等均属此类。这些方法只能保证提高安全水平，但不能达到最大限度地防止危险和有害因素。在这项原则下，一般只能得到折中的解决方案。

（3）坚固原则

以安全为目的，采取提高安全系数、增加安全余量等措施，如提高钢丝绳的安全系数等。

（4）自动防止故障的互锁原则

在不可消除或控制有害因素的条件下，以机器、机械手、自动控制器或机器人等，代替人或人体的某些操作，摆脱危险和有害因素对人体的危害。

2. 控制受害程度的原则

（1）屏障

在危险和有害因素的作用范围内，设置障碍，以保证对人体的防护。

（2）距离防护原则

当危险和有害因素的作用随着距离增加而减弱时，可采用这个原则，达到控制伤害程度的目的。

（3）时间防护原则

将受害因素或危险时间缩短至安全限度之内。

（4）薄弱环节原则

设置薄弱环节，使之在危险和有毒因素还未达到危险值之前发生损坏，以最小损失换取整个系统的安全。如电路中的熔丝、锅炉上的安全阀、压力容器用的防爆片等。

（5）警告和禁止的信息原则

以光、声、色或标志等，传递技术信息，以保证安全。

（6）个人防护原则

根据不同作业性质和使用条件（如经常使用或急救使用），配备相应的防护用品和器具。

（7）避难、生存和救护原则

离开危险场所，或发生伤害时组织积极抢救，这也是控制受害程度的一项重要内容，不可忽视。

（8）实现作业行为安全化

①开展安全思想教育和安全规章制度教育，提高职工的安全意识。

②进行安全知识岗位培训，提高职工的安全技术素质。

③推广安全标准操作和安全确认制活动，严格按照安全操作规程和程序进行作业。

④做好均衡生产，注意劳逸结合，使作业人员保持充沛的精力。

（9）实现作业条件安全化

①采用新工艺、新技术、新设备，改善劳动条件。如实现机械化、自动化操作，建立流水作业线，使用机械手和机器人等。

②加强安全技术的研究，采用安全防护装置，隔离危险部分。采用安全适用的个人防护用具。

③开展安全检查，及时发现和整改安全隐患。对于较大的安全隐患，要列入企业的安全技术措施计划，限期予以排除。

④定期对作业条件（环境）进行安全评价，以便采取安全措施，保证符合作业的安全要求。

3. 事故报告

（1）施工单位事故报告的时限

①事故发生后，事故现场有关人员应当立即向施工单位负责人报告。施工单位负责人接到报告后，应当于1小时内向事故发生地县级以上人民政府住房城乡建设主管部门和有关部门报告。

②情况紧急时，事故现场有关人员可以直接向事故发生地县级以上人民政府住房城乡建设主管部门和有关部门报告。

③实行施工总承包的建设工程，由总承包单位负责上报事故。

④事故报告应当及时、准确、完整，不得迟报、漏报、谎报或者瞒报。

⑤事故报告后出现新情况，以及事故发生之日起30日内伤亡人数发生变化的，应当及时补报。

（2）事故报告的内容

①事故发生的时间、地点和工程项目、有关单位名称。

②事故的简要经过。

③事故已经造成或者可能造成的伤亡人数（包括下落不明的人数）和初步估计的直接经济损失。

④事故的初步原因。

⑤事故发生后采取的措施及事故控制情况。

⑥事故报告单位或报告人员。

⑦其他应当报告的情况。

（3）事故发生后采取的措施

①事故发生单位负责人接到事故报告后，应当立即启动事故相应应急预案，或者采取有效措施，组织抢救，排除险情，防止事故蔓延扩大，减少人员伤亡和财产损失。

②应当妥善保护事故现场以及相关证据，任何单位和个人不得破坏事故现场、毁灭相关证据。

③因抢救人员、防止事故扩大以及疏通交通等原因，需要移动事故现场物件的，应当做出标志，绘制现场简图并做出书面记录，妥善保存现场重要痕迹、物证，有条件的可以拍照或录像。

4.事故的调查、分析与处理

（1）组建事故调查组

特别重大事故由国务院或者国务院授权有关部门组织事故调查组进行调查。

重大事故、较大事故、一般事故分别由事故发生地省级人民政府、设区的市级人民政府、县级人民政府负责调查。

（2）现场勘察

事故发生后，调查组必须尽早到现场进行勘察。现场勘察是技术性很强的工作，涉及广泛的科技知识和实践经验，对事故现场的勘察应该做到及时、全面、细致、客观。现场勘察的主要内容有做出笔录、现场拍照或摄像、绘制事故图、搜集事故事实材料和证人材料。

（3）事故分析

事故分析的主要任务是：查清事故发生经过；找出事故原因；分清事故责任；吸取

事故教训，提出预防措施。

（4）撰写事故调查报告

事故调查组应当自事故发生之日起 60 日内提交事故调查报告；特殊情况下，经负责事故调查的人民政府批准，提交事故调查报告的期限可以适当延长，但延长的期限最长不超过 60 日。

①事故发生单位概况。

②事故发生经过和事故救援情况。

③事故造成的人员伤亡和直接经济损失。

④事故发生的原因和事故性质。

⑤事故责任的认定以及对事故责任者的处理建议。

⑥事故防范和整改措施。

（5）事故处理

①重大事故、较大事故、一般事故，负责事故调查的人民政府应当自收到事故调查报告之日起 15 日内做出批复；特别重大事故，30 日内做出批复，特殊情况下，批复时间可以适当延长，但延长的时间最长不超过 30 日。

②事故处理要坚持"四不放过"的原则。即事故原因没有查清不放过，事故责任者没有严肃处理不放过，广大员工没有受教育不放过，防范措施没有落实不放过。

③在进行事故调查分析的基础上，事故责任项目部应根据事故调查报告中提出的事故纠正与预防措施建议，编制详细的纠正与预防措施，经公司安全部门审批后，严格组织实施。

④对事故造成的伤亡人员工伤认定、劳动鉴定、工伤评残和工伤保险待遇处理，由公司工会和安全部门按照国务院《工伤保险条例》和所在省市综合保险有关规定进行处置。

⑤事故发生单位应当认真吸取事故教训，落实防范和整改措施，防止事故再次发生。防范和整改措施的落实情况应当接受工会和职工的监督。

⑥事故调查处理结束后，公司或项目部（分公司）安全部门应负责将事故详情、原因及责任人处理等编印成事故通报，组织全体职工进行学习，从中吸取教训，防止事故的再次发生。

二、应急救援

（一）应急救援的目标、任务和内容

应急救援是指在有害环境因素和危险源控制失效的情况下，为预防和减少可能随之

引发的伤害和其他影响，所采取的补救措施和抢救行动。

1. 应急救援的总目标

施工现场各类事故应急救援的总目标是通过有效的应急救援行动，尽可能地降低事故的后果，包括人员伤亡、财产损失和环境破坏等。

2. 安全事故应急救援的基本任务

（1）抢救受害人员。抢救受害人员是施工现场事故应急救援的首要任务。紧急事故发生后，应立即组织营救受害人员，组织撤离或者采取其他措施保护危害区域内的其他人员。

（2）控制事故危险源。施工现场应急救援工作的另一重要任务，就是必须及时地控制住危险源，迅速控制事态，防止事故扩大蔓延，并对事故造成的危害进行检测、监测，测定事故的危害区域、危害性质及危害程度，防止事故的继续扩展，及时有效地进行救援。

（3）做好现场恢复，消除危害后果。组织相关人员及时清理事故造成的各类废墟和恢复基本设施，将事故现场恢复至相对稳定的状态。

（4）评估危害程度，查清事故原因。事故发生后应及时调查事故的发生原因和事故性质，评估出事故的危害范围和危险程度，查明人员伤亡情况，做好事故原因调查，并总结救援工作中的经验和教训，评价施工现场应急预案，以便改进预案，确保预案最关键部分的有效性和应急救援过程的完整性。

3. 应急救援的内容

（1）事故的预防。包括避免事故发生的预防工作和防止事故扩大蔓延的预防工作。通过安全管理和安全技术手段，尽可能地防止事故的发生。如加大建筑物的安全距离、施工现场平面布置的安全规划、减少危险物品的存量、设置防护墙以及开展安全教育等，在假定事故必然发生的前提下，通过预先采取的预防措施，达到防止事故扩大蔓延，降低或减缓事故的影响或后果的严重程度。

（2）事故应急准备。施工现场安全事故应急准备是针对可能发生的各类安全事故，为迅速有效地开展应急行动而预先所做的各种准备，包括应急体系的建立、有关部门和人员职责的落实、预案的编制、应急队伍的建设、应急设备（施）与物资的准备和维护、预案的演练、与外部应急力量的衔接等，其目标是保持重大事故应急救援所需的各种应急能力。应急准备是应急管理过程中一个极其关键的过程。

（3）事故应急响应。应急响应的主要目标是尽可能地抢救受害人员，保护可能受威胁的人群，尽可能控制并消除事故危害。

（4）现场恢复。在事故发生并经相关部门的相应处理之后，应立即进行恢复工作，进行事故损失评估、原因调查、清理废墟等，使事故影响区域恢复到相对安全的基本状态，然后逐步恢复到正常状态。

（二）应急救援预案的编制

1. 应急救援预案的概念

应急救援组织是施工单位内部专门从事应急救援工作的独立机构。

事故应急救援预案有三个方面的含义：一是事故预防。通过危险辨识、事故后果分析，采用技术和管理手段降低事故发生的可能性，且使可能发生的事故控制在局部，防止事故蔓延。二是应急处理。事故（或故障）一旦发生，有应急处理程序和方法，能快速反应处理故障或将事故消除在萌芽状态。三是抢险救援。采用预定的现场抢险和抢救的方式，控制或减少事故造成的损失。

2. 应急救援预案的编制要求

应急救援预案的编制应根据对危险源与环境因素的识别结果，确定可能发生的事故或紧急情况的控制措施失效时所应采取的补充措施和抢救行动，以及针对可能随之引发的伤害和其他影响所采取的措施。应急救援预案的编制应与安全生产保证计划同步编写。

3. 应急救援预案的编制原则

（1）重点突出，针对性强。应结合本单位安全方面的实际情况，分析可能导致事故发生的原因，有针对性地制定预案。

（2）统一指挥，责任明确。预案实施的负责人以及施工单位各有关部门和人员如何分工、配合、协调，应在应急救援预案中加以明确。

（3）程序简明，步骤明确。应急救援预案程序要简明，步骤要明确，具有高度可操作性，保证发生事故时能及时启动、有序实施。

4. 应急救援预案的编制程序

（1）成立应急救援预案编制组，并进行分工，拟订编制方案，明确职责。

（2）根据需要收集相关资料，包括施工区域的地理、气象、水文、环境、人口、危险源分布情况、社会公用设施和应急救援力量现状等。

（3）进行危险辨识与风险评价。

（4）对应急资源（包括软件、硬件）进行评估。

（5）确定指挥机构、人员及其职责。

（6）编制应急救援计划。

（7）对预案进行评估。

（8）修订完善，形成应急救援预案的文件体系。

（9）按规定将预案上报有关部门和相关单位。

（10）对应急救援预案进行修订和维护。

5. 应急救援预案的主要内容

（1）制定应急救援预案的目的和适用范围。

（2）组织机构及其职责。明确应急救援组织机构、参加部门、负责人和人员及其职责、作用和联系方式。

（3）危害辨识与风险评价。确定可能发生的事故类型、地点、影响范围及可能影响的人数。

（4）通告程序和报警系统。包括确定报警系统及程序、报警方式、通信联络方式，向公众报警的标准、方式、信号等。

（5）应急设备与设施。明确可用于应急救援的设施和维护保养制度，明确有关部门可利用的应急设备和危险监测设备。

（6）求援程序。明确应急反应人员向外求援的方式，包括与消防机构、医院、急救中心的联系方式。

（7）保护措施程序。保护事故现场的方式方法，明确可授权发布疏散作业人员及施工现场周边居民指令的机构及负责人，明确疏散人员的接收中心或避难场所。

（8）事故后的恢复程序。明确决定终止应急、恢复正常秩序的负责人，宣布应急取消和恢复正常状态的程序。

（9）培训与演练。包括定期培训、演练计划及定期检查制度，对应急人员进行培训，并确保合格者上岗。

（10）应急预案的维护。更新和修订应急预案的方法，根据演练、检测结果完善应急预案。

（三）应急救援组织与器材

为真正将应急救援预案落到实处，使应急救援预案真正能够发挥作用，施工单位应当按照有关规定，建立应急救援组织，配备必要的应急救援器材、设备。

1. 应急救援组织与应急救援人员配备

施工单位应当根据企业和工程项目的具体情况，建立应急救援组织，配备应急救援人员。施工现场应当配备专职或兼职急救员。急救员应经考核合格，取得省建筑工程管理部门颁发的"施工现场急救员岗位证书"。

2. 应急救援器材、设备的配备

施工单位和工程项目部应当根据生产经营活动的性质和规模、工程项目的特点，有针对性地配备应急救援器材、设备。如灭火器、消防桶等消防器材；担架、氧气袋、消毒和解毒药品等医疗急救器材；电话、移动电话、对讲机等通信器材；应急灯、手电筒等照明器材；可以随时调用的汽车、吊车、挖掘机、推土机等机械设备等。

（四）应急救援的演练

应急救援演练是指施工单位为了保证发生生产安全事故时，能够按救援预案有针对性地实施救援而进行的实战演习。

1.演练的目的

通过演练，一是检验预案的实用性、可用性、可靠性；二是检验救援人员是否明确自己的职责和应急行动程序，以及队伍的协同反应水平和实战能力；三是提高人们避免事故、防止事故、抵抗事故的能力，提高对事故的警惕性；四是取得经验以改进应急救援预案。

2.演练的形式

演练的形式可采用桌面演练和现场演练，依据预案的不同，可以分为现场处置演练、专项演练和综合演练。应急救援演练应定期举行。

3.演练的注意事项

（1）做好应急救援演练的前期准备工作。制订演练计划，组织好参加演练的各类人员，备齐应急救援器材、设备。

（2）严格按照应急救援预案实施救援。演练人员要各负其责，相互配合，要严格执行安全操作规程，正确使用救援设备和器材。

（3）演练人员要注意自我保护。在演练前，要设置安全设施，配齐防护用具，加强自我保护，确保演练过程中的人身安全和财产安全。

（4）及时进行总结。每一次演练后，应核对预案是否被全面执行，如发现不足和缺陷，应及时对事故应急救援预案进行补充、调整和改进，以确保一旦发生事故，能够按照预案的要求，有条不紊地开展事故应急救援工作。

第五节　施工单位安全资料管理

一、安全管理资料的管理要求

1.施工单位应建立安全管理资料的管理制度，规范安全管理资料的收集、整理、审核、组卷和归档等工作。

2.施工现场安全管理纸质资料应为原件，相关证件不能为原件时，可为复印件，复印件应与原件核对无误，加盖原件所持有单位公章；电子资料应保证原始性、安全性和持续可读性，涉及电子签名文档的必须由本单位以授权书的形式认可。

3.施工现场安全管理资料字迹、图像、声音、影像等信息应清晰有效，资料中的签字、盖章、日期等内容应齐全。

4.鼓励应用计算机等智能化工具来进行施工现场安全管理资料的管理，逐步实现数字化、网络化和信息化。

5. 总承包单位对施工现场安全管理资料负总责，专业承包单位对其承包业务范围内的施工现场安全管理资料的形成、收集和整理工作负责，并按规定及时向总承包单位提交本单位的资料。

总承包单位负有对各专业承包单位施工现场安全管理资料进行监督检查的职责，总承包单位、专业承包单位应当对各自安全管理资料的真实性、有效性、及时性和完整性负责。

6. 建筑施工安全方案、措施等资料应遵循"先报审、后实施"的原则，向建设单位和监理单位报送，经审查认可后方可实施。

7. 安全管理资料组卷应按资料形成的责任主体单位组卷。施工单位形成的安全管理资料，代号为LJA-C。

8. 施工现场安全管理资料应根据工程的规模和复杂程度，以中标工程或单位工程为单位进行整理归档。

9. 资料排列顺序为封面、目录、内容。封面应包含工程名称、编制单位、编制人员、编制日期及编码序号。

二、安全管理的总体

1. 基本管理资料

（1）企业安全生产管理制度

①本企业制定的安全生产管理制度及相关安全管理文件；

②各部门、各级管理人员安全生产责任制；

③安全操作规程。

（2）主管部门下发的有关文件。

（3）法律、法规、规章和规范性文件。

（4）安全技术标准。

（5）收、发文件记录。项目部应及时收集本单位安全生产管理制度、主管部门下发的有关文件、法律、法规、规章和规范性文件以及安全技术标准，并填写收、发文登记表。

2. 安全生产管理机构、安全生产责任制及责任目标管理

（1）工程概况表

项目部应将工程基本信息、相关单位情况和施工现场主要管理人员情况，据实填写。

（2）工程项目安全生产管理机构

①工程项目安全生产管理机构（施工总承包、专业承包、劳务分包）主要人员包括项目负责人、项目技术负责人、项目安全负责人、施工员、质检员、专职安全生产管理人员、机械管理员、材料员、造价员等。

②项目部应绘制机构网络图，主要内容包括姓名、职务、证号（填写安全生产考核

合格证书编号）、联系方式、照片。

（3）建筑业企业资质证书与安全生产许可证

项目部应存放施工总承包、专业承包、劳务分包单位资质证书、安全生产许可证复印件，并加盖公章。

（4）安全生产考核合格证书

项目部应存放施工总承包、专业承包、劳务分包项目负责人、专职安全生产管理人员安全生产考核合格证书原件或复印件，并加盖公章。

（5）特种作业人员操作资格证书

项目部应填写特种作业人员花名册，并附特种作业人员操作资格证书原件或复印件，并加盖公章。

（6）安全生产、文明施工协议

总承包单位或授权的工程项目部应根据工程实际情况，与专业承包、劳务分包单位签订安全生产、文明施工协议，协议由双方签字、盖章。

（7）管理人员花名册及管理人员上岗证

在工程开工时，项目部应填写工程项目安全生产管理人员花名册，收集相关人员职（执）业资格证书并存档。

（8）安全生产管理目标及责任分解

项目部应填写安全生产管理目标及责任分解示意图，包括项目部、班组的具体目标，填写相应指标，保证措施应逐级分别制定，内容要具体、有效。

（9）安全生产责任制与责任目标考核记录

项目部被考核人员包括项目负责人、项目技术负责人、项目安全负责人、施工员、质检员、专职安全生产管理人员、机械管理员、材料员、造价员等，如实填写考核记录。

企业应建立对安全生产责任制和责任目标的考核制度，并按考核制度对项目管理人员定期进行考核。

3.施工组织设计与专项施工方案

（1）施工组织设计

施工组织设计是工程建设的指导性技术文件，应当包括安全生产、文明施工等方面的内容。

（2）专项施工方案

专项施工方案应由项目技术负责人组织专业技术人员进行编制，报具有法人资格的施工企业的技术、安全、质量、设备、工会等部门联合会审，由具有法人资格的施工企业技术负责人签字盖章后，报监理单位、建设单位审核。

（3）专项施工方案专家论证审查报告

深基坑工程、模板工程及支撑体系等超过一定规模的危险性较大分部分项工程专项施工方案应进行专家论证。

4. 安全技术交底

分部分项工程施工前或者有特殊风险项目作业前，都应由总承包单位有关技术人员对分包单位工程项目相关技术人员、分包单位工程项目相关技术人员对施工作业班组长、施工作业班组长对施工作业人员进行层级安全技术交底，起重机械安拆、使用安全技术交底。专职安全生产管理人员应对交底情况进行监督。

5. 安全检查

（1）隐患整改通知书与报告书

项目负责人每周至少组织一次安全检查，专职安全生产管理人员及相关专业人员参加，并填写《隐患整改通知书》；相关责任单位定人、定期限、定措施整改完毕后，上报《隐患整改报告书》。

（2）安全检查评分表

项目部根据《建筑施工安全检查标准》内容，每月至少对施工现场考核评分一次。公司应定期对项目部安全管理情况进行检查。

（3）建筑施工企业及项目部领导施工现场值班带班交接班记录

施工企业应根据主管部门的要求填写企业及项目部领导施工现场值班带班交接班记录表。

（4）有关主管部门、企业内部的安全检查记录

有关主管部门、企业内部的安全检查记录应及时留存项目部。

6. 安全教育

（1）安全教育培训花名册

项目部应对所有入场工人进行安全教育并填写花名册。

（2）安全教育档案

①档案编号

档案编号自行编写，按表填写相关内容并粘贴身份证复印件。

②新入场工人三级安全教育记录

新入场工人应进行三级安全教育，并对被教育人员、教育内容、教育时间等基本情况按表进行记录，受教育人员以班组为单位进行签字。

③特种作业人员安全教育记录

特种作业人员安全教育记录应按表进行记录，受教育人员接受教育后签字。

④安全教育记录

安全教育记录按表进行记录，主要包括转场、换岗、"四新"（采用新技术、新工艺、新设备、新材料）、季节性、节假日前后的安全教育。

⑤班前安全教育活动记录

班组作业前应针对施工对象、条件、环境进行班前安全教育，按照表进行记录。

7. 应急救援与事故处理

（1）重大危险源管理

项目部应按照建筑施工现场重大危险源目录识别、评价、汇总。

（2）生产安全事故应急救援预案

①生产安全事故综合应急救援预案；

②生产安全事故专项应急救援预案；

③现场处置方案。

（3）应急救援培训和演练记录

项目部应根据应急救援预案，结合实际情况，组织相关人员进行培训，填写培训记录。

项目部应根据应急救援预案，制订应急演练方案并定期组织演练，填写演练记录，并附文字、图片或影像资料。

（4）事故报告

施工现场发生生产安全事故后，应按照相关法律法规及时上报事故，填写事故简要信息报送表。

（5）事故调查处理资料

项目部应积极配合事故调查，存放事故调查处理资料。

（6）工伤保险

建筑施工企业应当依法为职工缴纳工伤保险费，填写保险单及发票一览表。

8. 安全投入

（1）安全防护、文明施工措施费用拨付证明；

（2）安全防护、文明施工措施费用计划 / 实际投入统计表；

（3）安全防护用具、机械设备备案登记表及备案证明。

■ 参考文献

[1] 于宝峰 . 建设工程监理方案指南 [M]. 天津 : 天津科学技术出版社 ,2020.

[2] 汪雄进 , 唐少玉 . 建设工程项目管理 [M]. 重庆 : 重庆大学出版社 ,2020.

[3] 邹登雄 . 建设工程项目管理 [M]. 哈尔滨 : 哈尔滨工程大学出版社 ,2019.

[4] 徐勇戈 . 建设工程合同管理 [M]. 北京 : 机械工业出版社 ,2020.

[5] 解清杰 . 环保设备工程建设与运行管理 [M]. 中国环境出版集团 ,2020.

[6] 左红军 . 建设工程计价 [M]. 北京 : 机械工业出版社 ,2020.

[7] 柯洪主 . 建设工程计价 [M]. 北京 : 中国城市出版社 ,2020.

[8] 裘建娜 , 赵秀云 . 建设工程项目管理 [M]. 北京 : 中国铁道出版社 ,2020.

[9] 叶宏 . 建设工程项目管理 [M]. 北京 : 中国建材工业出版社 ,2019.

[10] 熊勇 . 建设工程项目管理 [M]. 镇江 : 江苏大学出版社 ,2019.

[11] 龙炎飞 . 建设工程项目管理 [M]. 北京 : 中国建材工业出版社 ,2021.

[12] 夏立明 . 建设工程造价管理基础知识 [M]. 北京 : 中国计划出版社 ,2020.

[13] 胡成海 . 建设工程施工管理 [M]. 中国言实出版社 ,2017.

[14] 张猛 . 土木工程建设项目管理 [M]. 长春 : 吉林科学技术出版社 ,2021.

[15] 辛集思 , 聂叙平 , 郑燕云 . 建设工程经济与项目管理 [M]. 北京 : 科学技术文献出版社 ,2021.

[16] 高真 . 建设工程智能化管理 [M]. 北京 : 中国建筑工业出版社 ,2021.

[17] 杨再德 . 工程建设行业的企业文化管理实践 [M]. 成都 : 西南财经大学出版社 ,2021.

[18] 王启存 . 建设工程成本经营全过程实战管理 [M]. 北京 : 中国建筑工业出版社 ,2021.

[19] 刘伊生 . 建设工程合同管理 [M]. 北京 : 中国建筑工业出版社 ,2021.

[20] 潘运方 , 黄坚 , 吴卫红 . 水利工程建设项目档案质量管理 [M]. 北京 : 中国水利水电出版社 ,2021.